わかる！ とける！ 身につく！

中学受験 ミラクル算数

グラフ問題

深水 洋

YuJN BooKS

ま え が き

　私立中学校の過去問題集を何冊か選んでパラパラとめくってみると非常に多くの学校でグラフのからむ問題が出題されていることがわかります。

　グラフの読み取り問題は，比例のグラフや折れ線グラフ，割合を表すグラフなどごく簡単なものを除いて小学校で使用する教科書には出てきません。ましてやそれを利用して複雑な問題を解くようなことは，少なくとも公立の小学校の通常授業ではほとんど指導されていないのが現状です。

　ところが前述したように私立中学校の算数の入試問題では，グラフのからむ問題が当たり前のように出題されます。公立中高一貫校の算数では私立中ほど解法テクニックを必要とする問題は出てきませんが，社会・理科的な問題においてはグラフの読み取り問題が多く出題されています。

　グラフの問題は普段グラフを見慣れない受験生にとっては恐怖でしかありません。少し複雑なグラフを見ただけで「難しい」と直感的に感じてしまうのです。無理もないことだと思います。

　この問題集は，受験生諸君に数多くのグラフに触れてもらい，基本テクニックを身につけることでグラフの問題に対する自信を少しでも持ってもらいたいという思いでつくったものです。超難関校合格を目指す受験生にとっては万全ではないかもしれませんが，少なくとも『よくある問題』を確実に解くための練習にはなるはずです。

　本書はある程度まで受験勉強をした人が練習する問題集というつもりで作成しています。したがって，解説文中の解法テクニックの中には「相似な図形（拡大図・縮図の関係）」や「同じ道のりを進むときの速さの比と時間の比の関係」，「旅人算や流水算」，「つるかめ算」などあまり耳慣れないものが出てくるかもしれません。それらそれぞれについては，基本テクニックのページで解説してありますので，そちらを参考にしてください。

　受験生諸君の得点力アップのために，本書をうまく活用していただけますよう執筆者も編集者も願っております。

深 水 洋

本書の特長と使い方

特　長

① グラフの読み取り問題に特化した問題集です。中学受験で出題される「よくある問題」を確実に解けるように練習ができます。

② 単元ごとに「例題」と「類題」を掲載し，無理なく解けるように工夫しました。

③ 各単元では、タイプと難易度の異なる十分な量の問題を掲載しました。完全に自分のものになるまで，とことん解くことができます。

使い方

　最初の単元からじっくりと始めても，気になる単元や苦手な単元から始めても大丈夫です。解説文中で分からない言葉や解法が出てきた際には，「基本テクニック」のページが助けになります。

例題 ➡ 類題

　まずは左ページに「例題」を掲載しています。解けなくても大丈夫。「解説」を読んで解き方をマスターし，右ページの「類題」で解き方・考え方を定着させましょう。

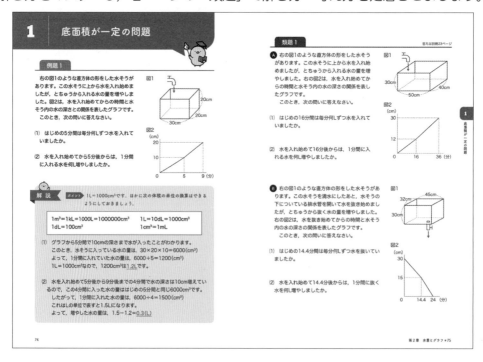

■ 練習問題 （基）（本）（編）

基本の練習問題です。たくさん解いて，問題の形式に慣れていきましょう。

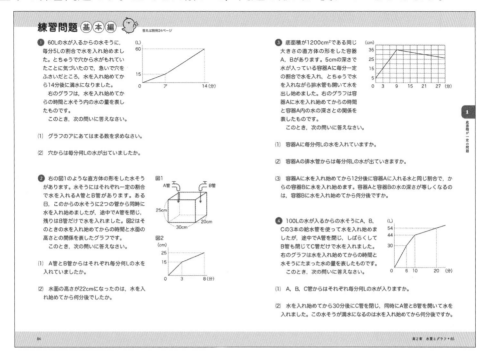

■ 練習問題 （発）（展）（編）　※「棒グラフ」「ヒストグラム（柱状グラフ）」以外

難度が高めの問題です。どんな形の問題が出題されても対応ができるようになっています。

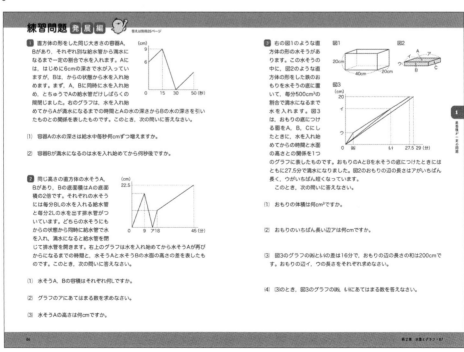

目　次

まえがき ……………………………………………………………… 3

本書の特長と使い方 …………………………………………… 4

【基本事項の確認】 ……………………………………………… 8

第1章　速さとグラフ

1　単独進行のグラフ ………………………………… 10

2　旅人算とグラフ …………………………………… 24

3　ダイヤグラム ……………………………………… 38

4　流水算とグラフ …………………………………… 48

5　点や図形の移動とグラフ ……………………… 58

【速さとグラフ】基本テクニックのまとめ ………………… 72

第2章 水量とグラフ

1 底面積が一定の問題 ………………………… 74

2 段差やしきりなどがある問題 …………… 88

【水量とグラフ】基本テクニックのまとめ ……………… 106

第3章 その他のグラフ

1 帯グラフ・円グラフ ……………………… 108

2 棒グラフ ……………………………………… 116

3 ヒストグラム（柱状グラフ） ……………… 122

4 その他のグラフ …………………………… 126

【つるかめ算】解説 ………………………………… 134

【基本事項の確認】

☑ **速さの3公式**
- 速　さ＝道のり÷時　間
- 道のり＝速　さ×時　間
- 時　間＝道のり÷速　さ

＊右の図で覚えると楽です。

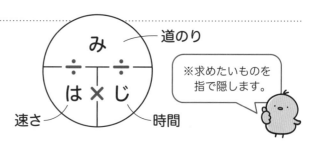

※求めたいものを指で隠します。

☑ **速さの単位換算**

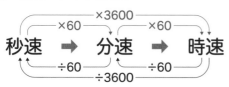

☑ **旅人算（2つのものが離れたり近づいたりする問題）の公式**
- 出会うまでにかかる時間＝2つのものの間の道のり÷速さの和

　↑2つのものが反対方向に動く場合。離れる場合も同様。
- 追いつくまでにかかる時間＝2つのものの間の道のり÷速さの差

　↑2つのものが同じ方向に動く場合。引き離す場合も同様。

☑ **流水算（川など流れがある場所を進む問題）の公式**
- 下りの速さ＝船の静水時の速さ＋川の流れの速さ
- 上りの速さ＝船の静水時の速さ−川の流れの速さ

図で表すと次のようになります。

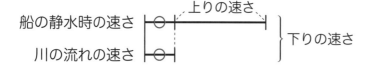

☑ **角柱や円柱の体積**
- 体積＝底面積×高さ

☑ **体積の単位換算**
- $1m^3 = 1kL = 1000L = 1000000cm^3$
- $1L = 10dL = 1000cm^3$
- $1dL = 100cm^3$
- $1mL = 1cm^3$

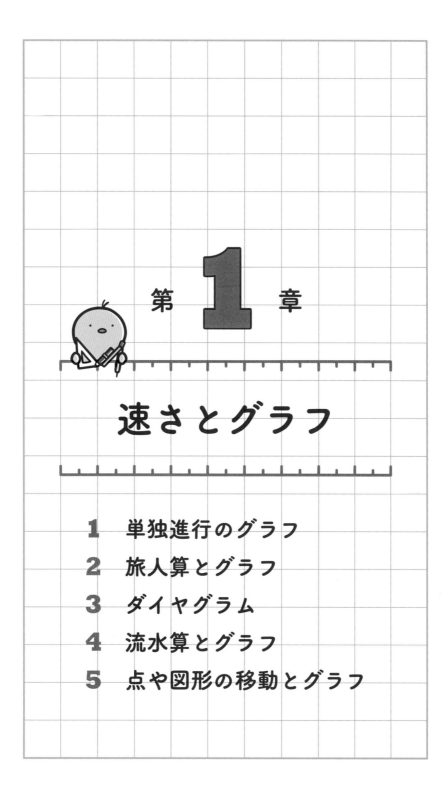

第 **1** 章

速さとグラフ

1　単独進行のグラフ

2　旅人算とグラフ

3　ダイヤグラム

4　流水算とグラフ

5　点や図形の移動とグラフ

1 単独進行のグラフ

みくさんは家から分速80mで15分歩いて公園に行き，20分遊んでから家に帰りました。右のグラフはそのとき，みくさんが家を出てからの時間と家からの道のりを表したものです。

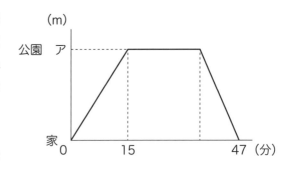

(1) グラフのアにあてはまる数を求めなさい。

(2) 帰りは行きとはちがう速さで帰りました。帰りの速さは分速何mですか。

解 説　　グラフは次のようなことを表しています。

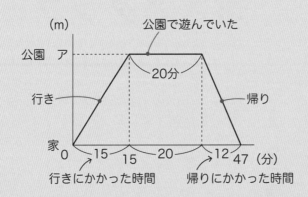

(1) （道のり）＝（速さ）×（時間）で求められます。アは家から公園までの道のりを表しているので，80×15＝<u>1200</u>(m)

(2) 公園から家まで帰るときにかかった時間は，47－(15＋20)＝12(分)
（速さ）＝（道のり）÷（時間）で求められるので，1200÷12＝100より，
<u>分速100m</u>

A しょうさんは家から分速90mで8分歩いて公園に行き，30分遊んでから家に帰りました。右のグラフは，しょうさんが家を出てからの時間と家からの道のりを表したものです。

このとき，次の問いに答えなさい。

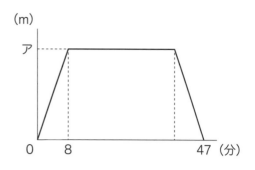

(1) グラフのアにあてはまる数を求めなさい。

(2) 帰りは行きとはちがう速さで帰りました。帰りの速さは分速何mですか。

B さいきさんは家から2160mはなれた公園まで分速144mで走りました。公園でしばらく休んでから今度は分速108mで走って同じ道を家までもどりました。右のグラフはさいきさんが家を出てからの時間と家からの道のりを表したものです。

このとき，次の問いに答えなさい。

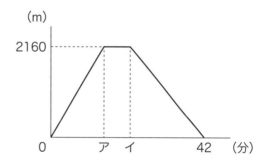

(1) グラフのアにあてはまる数を求めなさい。

(2) グラフのイにあてはまる数を求めなさい。

右のグラフは，ある日，ゆうまさん が家から900mはなれた駅まで歩いて 行ったようすを表したものです。ゆう まさんは駅に行くとちゅうで郵便局に 立ち寄りました。

ゆうまさんの歩く速さは常に毎分 90mだったとして，グラフのア，イ にあてはまる数を求めなさい。

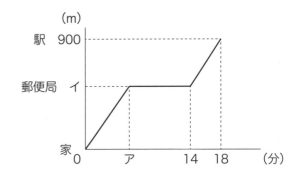

解 説 グラフは次のようなことを表しています。

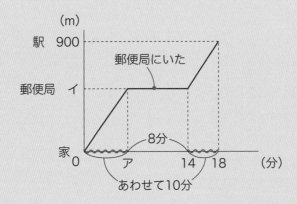

ゆうまさんが郵便局に寄らずに駅まで歩くと，900÷90＝10（分）で到着し ます。

よって，郵便局に寄っていた時間は，18－10＝8（分）とわかります。した がって，アにあてはまる数は，14－8＝6（分）

イは家から郵便局までの道のりを表しているので，90×6＝540（m）

別解 次のように求めることもできます。

郵便局から駅までにかかった時間は，18－14＝4（分）

郵便局から駅までの道のりは，90×4＝360（m）

よって，家から郵便局までの道のりイは，900－360＝540（m）

アは，540÷90＝6（分）

Ⓐ 右のグラフは，ある日，かなたさんが
家から720mはなれた駅まで歩いて行っ
たようすを表したものです。かなたさん
は駅に行くとちゅうでコンビニに立ち寄
りました。
　かなたさんの歩く速さを常に毎分80m
として，次の問いに答えなさい。

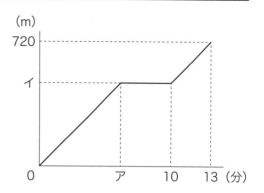

(1)　かなたさんがコンビニに立ち寄ってい
たのは何分間でしたか。

(2)　グラフのア，イにあてはまる数を求めなさい。

Ⓑ ひなこさんは家から1080mはな
れている学校を出発し，分速
90mで歩いて家に向かいました。
とちゅうの公園でしばらく遊んだ
あと，用事を思い出したので公園
から家までは分速120mで走りま
した。
　右のグラフは，ひなこさんが学
校を出発してから家に着くまでの
時間と家までの道のりを表したものです。
　このとき，次の問いに答えなさい。

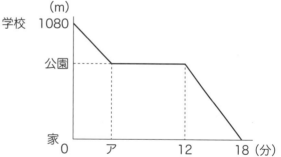

(1)　家から公園までの道のりは何mですか。

(2)　公園で遊んでいたのは何分間ですか。

せいらさんは家から駅まで同じ道を使って往復するのに，行きは分速80m，帰りは分速90mで歩きました。右のグラフはそのときのようすを表したものです。

グラフのアにあてはまる数を求めなさい。

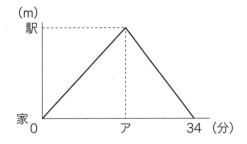

解説　同じ道のりを進むとき，速さと時間は反比例するので，速さの比とかかる時間の比は逆(逆比)になります。

せいらさんの行きと帰りの速さの比は，80：90＝8：9なので，かかった時間の比はその逆の9：8になります。

グラフに書き入れると右のようになります。

このとき，⑰が34分にあたるので，比の①にあたる時間は，34÷17＝2(分)です。

よって，アにあてはまる数は，2×9＝<u>18</u>(分)

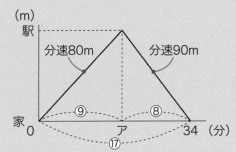

ポイント　同じ道のりを進むとき，速さの比とかかる時間の比は逆比になるよ！

(例) 右のグラフは同じ道のりを往復したものなので，かかる時間の比(あ：い)は，行きと帰りの速さの比の逆比になります。

このグラフの形を覚えましょう！

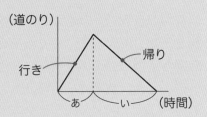

Ⓐ 右のグラフは，みくにさんが家から学校までの間を歩いて往復したようすを表したものです。みくにさんの歩く速さは行きが分速90m，帰りが分速75mでした。

　このとき，次の問いに答えなさい。

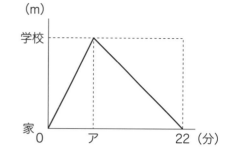

(1)　グラフのアにあてはまる数を求めなさい。

(2)　みくにさんの家から学校までの道のりは何mですか。

Ⓑ がろさんは，ある日，家を出発して分速80mで歩いて学校に向かいましたが，家と学校のちょうど真ん中の地点で忘れ物に気づきました。そこで，分速120mで走って家に戻りました。家に帰ってから2分後に，再び家を出発して，家に戻ったときと同じ速さで走って学校に向かいました。右のグラフは，がろさんが最初に家を出発してから時間と家からがろさんのいる地点までのようすを表したものです。

　このとき，グラフのア，イにあてはまる数を求めなさい。

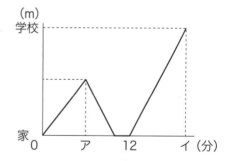

家から1800mはなれた駅に行くのに、とちゅうのポストまでは毎分90m，ポストから駅までは毎分60mの速さで歩きました。右のグラフはそのときのようすを表したものです。

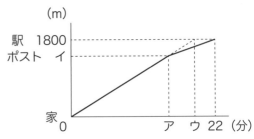

(1) 家から駅まですべて毎分90mの速さで歩いたとすると，何分かかりますか。

(2) グラフのア，イにあてはまる数を求めなさい。

 解 説　(1)　1800÷90＝<u>20（分）</u>

(2)　(1)の答えがグラフのウにあたります。ポストから駅まで行くのに，毎分90mの速さと毎分60mの速さの比は90：60＝3：2なので，かかる時間の比はその逆の2：3になります。

グラフに書き入れると右のようになり，比の①にあたる時間は，2分です。

よって，アは，20－2×2＝<u>16（分）</u>

イは，90×16＝<u>1440（m）</u>

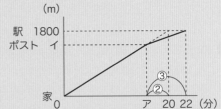

ポイント　同じ道のりを進むとき，速さの比とかかる時間の比は逆比になるよ！

(例)　右のグラフは同じ道のりをAとBが進んだものです。

このとき，かかる時間の比（あ：い）は，AとBの速さの比の逆になります。

このグラフの形を覚えましょう！

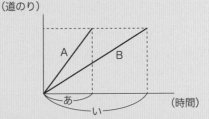

(注)　例題4 の問題は，次のように，つるかめ算の考え方で解くこともできます。

22分すべて毎分60mの速さで歩いたとすると，進める道のりは，60×22＝1320（m）ところが，実際には1800m進んでいるので，差が，1800－1320＝480（m）あります。

毎分60mの速さを毎分90mに変えると1分間に進む道のりが，90－60＝30（m）長くなるので，480m長くするには毎分90mで進む時間を，480÷30＝16（分）にすればよいことになります。したがって，アにあてはまる数は16です。

Ⓐ 家から1500m離れた駅まで行くのに，とちゅうの交差点までは分速75mで歩き，交差点からは分速100mで歩いたところ，全部で18分かかりました。右のグラフは，そのときの家を出てからの時間と家からの道のりを表したものです。グラフのアは，家から駅まで分速75mで歩いたときにかかる時間です。

このとき，グラフのア，イ，ウにあてはまる数を求めなさい。

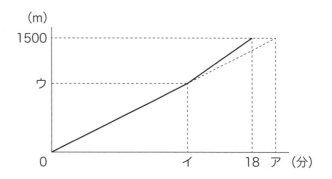

Ⓑ 家から5.4kmはなれた公園に自転車で向かいました。はじめは分速240mで走っていましたが，疲れたので，とちゅうから分速180mに変えて走ったところ，家を出てから25分後に公園に着きました。右のグラフは，そのときのようすを表したもので，アは公園までずっと分速240mで走ったときにかかる時間を表しています。

このとき，グラフのア，イ，ウにあてはまる数を求めなさい。

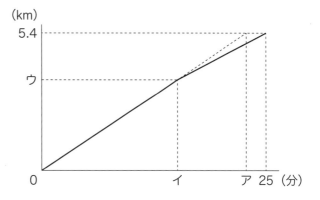

ある日，あいさんは家から720mはなれた駅まで歩いて行くとちゅう，郵便局に立ち寄りました。右のグラフはそのときの，あいさんが家を出てからの時間と家からの道のりを表したものです。

このとき，次の問いに答えなさい。ただし，あいさんは常に一定の速さで歩くものとします。

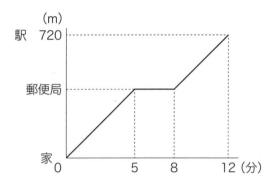

⑴　あいさんの歩く速さは毎分何mですか。

⑵　あいさんのお母さんはあいさんの忘れ物に気づき，あいさんが家を出てから3分後に家を出て，一定の速さの自転車であいさんを追いかけました。その結果，お母さんは郵便局であいさんに会えたそうです。お母さんの自転車の速さは毎分何m以上何m以下でしたか。

解　説　⑴　あいさんが郵便局に立ち寄っていたのは，8－5＝3（分）なので，あいさんが720m歩くのにかかった時間は，12－3＝9（分）
　　歩く速さは毎分，720÷9＝<u>80（m）</u>

⑵　お母さんの自転車が進むようすを右のようにグラフにかき入れると，いちばん遅いときでア，いちばん速いときでイのようになります。

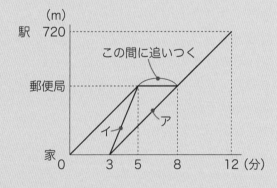

　また，家から郵便局までの道のりは，80×5＝400（m）です。
　よって，アのときのお母さんの自転車の分速は，400÷（8－3）＝80（m）
　イのときのお母さんの自転車の分速は，400÷（5－3）＝200（m）です。
　したがって，毎分，<u>80m以上200m以下</u>。

A ななかさんは家から750mはなれた学校に歩いて向かいました。とちゅうの信号で1分間立ち止まりましたが，その間にお母さんが家から自転車で走ってきて忘れ物をとどけてくれました。

右のグラフはななかさんが家を出発してから学校に着くまでのようすを表したものです。ななかさんとお母さんはそれぞれ常に一定の速さで進むものとして次の問いに答えなさい。

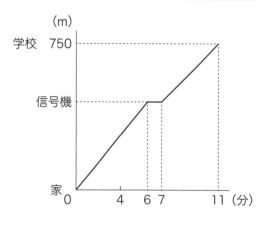

⑴　ななかさんの歩く速さは毎分何mですか。

⑵　お母さんは，ななかさんが出発してから4分後に家を出発しました。お母さんの自転車の速さは毎分何m以上何m以下ですか。

B ある日，兄は家から1080mはなれている駅を出発し，歩いて家に向かいましたが，とちゅうにある本屋に立ち寄って4分間本をさがしていました。兄は本屋を出てからも同じ速さで歩き，駅を出発してから17分30秒後に家に到着しました。

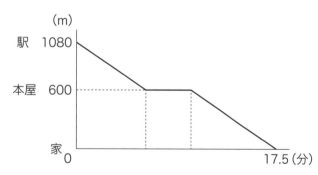

弟は兄が駅を出発するのと同時に家を出発して歩いて本屋に向かい，本屋で兄と会いました。

右上のグラフは，兄が駅を出発してからの時間と，家から兄のいる地点までの道のりの関係を表したものです。弟の歩く速さは毎分何m以上何m以下でしたか。

❶　かなでさんは家から4km離れた駅まで毎朝ジョギングをしています。右のグラフはある朝，かなでさんが家を出てからの時間と家からの道のりを表したものです。かなでさんは途中で3分間休み，その後も同じ速さで駅に向かいます。

このとき，次の問いに答えなさい。

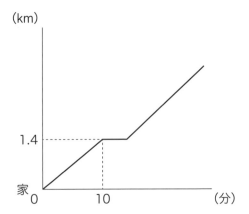

⑴　かなでさんのジョギングの速さを分速で求めなさい。

⑵　家を出発してから20分後に，かなでさんは駅まで何mの地点にいますか。

❷　ある日，せいなさんは家から1.2km離れた公園に歩いて遊びに行きました。家を8時50分に出発し，公園で遊んでから家に帰りました。

右のグラフはそのときのようすを表したものです。

このとき，次の問いに答えなさい。

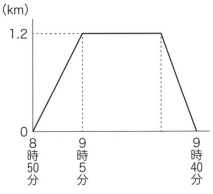

⑴　せいなさんは家から公園まで分速何mで歩きましたか。

⑵　せいなさんは公園を出てから，行きの速さの1.2倍で歩いて家に帰りました。せいなさんが公園で遊んでいた時間は何分間ですか。

3 ゆうたさんは家から1500mはなれた学校まで，毎朝7時50分に家を出発して歩いて通っています。ある日，通学途中にある文具店でコンパスを買うためにいつもより早く家を出ました。次のグラフは，この日ゆうたさんが家を出発してからの時間と家からの道のりを表したものです。

　このとき，次の問いに答えなさい。

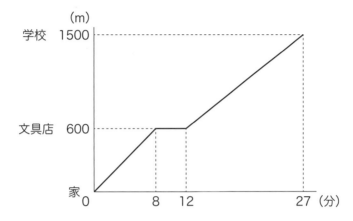

(1)　ゆうたさんは文具店に何分間いましたか。

(2)　文具店から学校まで何mありますか。

(3)　家を出てから文具店に着くまでのゆうたさんの速さは毎分何mですか。

(4)　通学時，ゆうたさんはふだん(3)で求めた速さで歩いています。しかし，この日は文具店で友だちに会ったので文具店から学校までは友だちと話しながらふだんより遅く歩きました。その結果，ゆうたさんが学校に着いたのはふだんより3分遅かったそうです。この日，ゆうたさんが家を出発したのは何時何分ですか。

(5)　ゆうたさんは学校の360m手前で後ろから歩いてきた弟に追い越されました。弟はゆうたさんが学校に着く1分前に学校に着きました。弟の歩く速さは毎分何mですか。

1 ある日，学校の遠足で海に出かけました。午前10時に学校を出発し，バスで目的地に向かいました。途中の公園で昼食休けいを1時間とって公園を12時15分に出発し，公園までと同じ速さのバスで海に向かいました。海には13時15分に到着し，しばらく自由時間をとってから15時ちょうどにバスで海を出発して行きの1.25倍の速さで学校に戻りました。下のグラフは，そのときの時刻と学校からの道のりを表したものです。

　これを見てあとの問いに答えなさい。

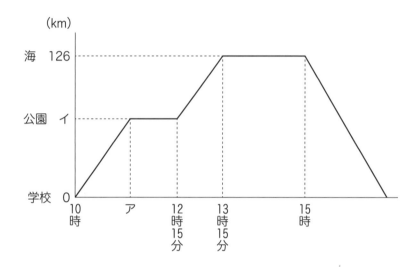

(1) グラフのアにあてはまる時刻とイにあてはまる数を求めなさい。

(2) 帰りのバスの速さを時速で求めなさい。

(3) バスが学校から112kmの地点を走っていた時刻をすべて求めなさい。

(4) 学校に帰ってくる時刻はそのままで，行きと同じ速さのバスで帰ることにすると，海には何時間何分いることができますか。

2 しょうさんは電車を使って通学しています。ふだんは午前7時に家を出て，分速80mで駅まで歩き，駅には午前7時10分に到着します。そして，午前7時11分発の電車に乗ります。ある日，しょうさんはいつも通りに家を出ましたが，家を出てから4分後に忘れ物に気づいたため，それまでと同じ速さで家に戻りました。家に着いてから3分後，分速100mで再び駅に向かいました。このとき，次の問いに答えなさい。

⑴ しょうさんの家から駅までの道のりは何mですか。

⑵ しょうさんが忘れ物に気づき，家に戻り始めたのは家から何mの地点ですか。

⑶ しょうさんが家を出てから駅に着くまでのようすをグラフに表しなさい。

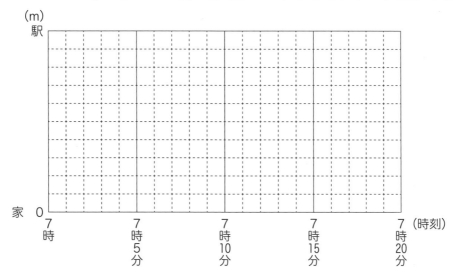

⑷ 電車は5分間隔で発車しています。しょうさんはこの日，もっとも早くて何時何分発の電車に乗ることができますか。

⑸ しょうさんの家から駅までの間にポストがあります。ポストはしょうさんの家から200m離れています。しょうさんはこの日，ポストの前をはじめて通過してから2回目に通過するまで何分かかりましたか。

例題 1

　ある日，Aさんは家を出て，歩いて学校に向かいました。Aさんが家を出てから4分後にAさんのお母さんはAさんの忘れ物に気づき，分速210mの自転車でAさんを追いかけました。Aさんはお母さんから忘れ物を受け取ったあとも同じ速さで歩き続け，家を出てから10分後に学校に到着しました。下のグラフはそのときのようすを表したものです。

　このとき，次の問いに答えなさい。

(1)　Aさんの歩く速さは毎分何mですか。

(2)　グラフのア，イにあてはまる数を求めなさい。

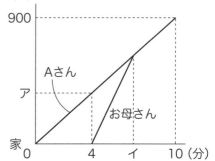

 解 説　　(1)　900÷10＝90より，**毎分90m**

　(2)　グラフのアはAさんが4分で歩いた道のりなので，90×4＝<u>360</u>(m) …ア
　グラフのイは，Aさんが家を出てからお母さんに追いつかれるまでにかかった時間を表しています。お母さんが家を出たとき，Aさんは360m先を歩いているので，お母さんがAさんに追いつくまでにかかる時間は，360÷(210−90)＝3(分)　よって，イにあてはまる数は，4+3＝<u>7</u>(分) …イ

別解　イにあてはまる数は次のように求めることもできます。
Aさんとお母さんの速さの比は，90：210＝3：7

　同じ道のりにかかる時間の比は，速さの比の逆比になるので，7：3

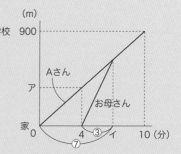

　グラフにこの比を⑦，③として書き入れると右上のようになります。このとき，4分が，⑦−③＝④にあたるので，①は1分。

　よって，イにあてはまる数は⑦が表す<u>7</u>(分)になります。

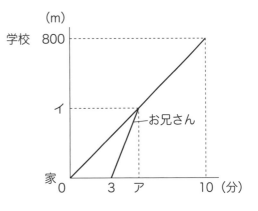

A　ある日，Aさんは家を出て，歩いて学校に向かいました。Aさんが家を出てから3分後にAさんのお兄さんはAさんの忘れ物に気づき，分速200mの自転車でAさんを追いかけました。Aさんはお兄さんから忘れ物を受け取ったあとも同じ速さで歩き続け，家を出てから10分後に学校に到着しました。右のグラフはそのときのようすを表したものです。

　このとき，次の問いに答えなさい。

(1)　Aさんの歩く速さは毎分何mですか。

(2)　グラフのア，イにあてはまる数を求めなさい。

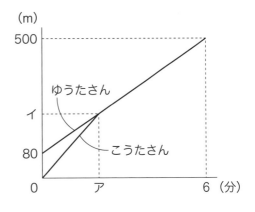

B　ある日，学校に向かって歩いていたこうたさんは，ポストの前で，80m前を学校に向かって歩いているゆうたさんに気づきました。そこで，分速110mで走ってゆうたさんに追いつき，その後はゆうたさんが歩いていた速さで一緒に学校へ向かいました。

　右のグラフはこうたさんが走り始めてからの時間とポストからこうたさんとゆうたさんのいる地点までの道のりを表したものです。

　このとき，グラフのア，イにあてはまる数を求めなさい。

例題2

弟が家を出て学校に向かってから3分後に
兄が家を出て学校に向かいました。兄は家か
ら600mのところで弟を追いこし，学校に着
いたのは兄の方が弟より1分早かったそうで
す。右のグラフはそのときのようすを表した
ものです。家から学校まで何mありますか。

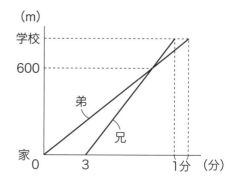

解 説　右の図の斜線をつけた2
つの三角形は相似な図形
（拡大図と縮図の関係）になります。対
応する辺の比は，ア：イ＝3：1なの
で，この2つの三角形の高さの比ウ：
エも3：1になります。

ウは600mなので，エは，600÷3
＝200(m)

よって，学校までの道のりは，600＋200＝<u>800(m)</u>

ポイント　相似な図形を使いこなそう！

グラフには，下の①，②のような形が現れるときがあります。このとき，相
似な図形の性質を使うとかんたんに数値を求められる場合があります。

どちらも，ア：イ＝ウ：エ＝オ：カになります。

①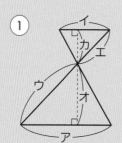

②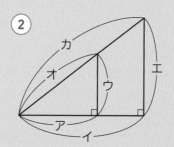

A 弟が家を出て駅に向かってから3分
後に兄が家を出て駅に向かいました。兄
は家から630mのところで弟を追いこ
し，駅に着いたのは兄の方が弟より2分
早かったそうです。右のグラフはそのと
きの2人のようすを表したものです。
　　このとき，次の問いに答えなさい。

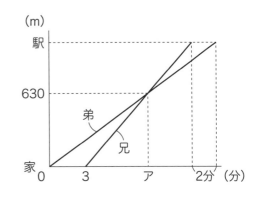

(1)　兄弟の家から駅まで何mありますか。

(2)　グラフのアにあてはまる数が9のとき，兄と弟の分速をそれぞれ求めなさい。

B ある日，妹は家を出て歩いて720mは
なれている学校に向かいました。姉は妹
が家を出てから1分後に家を出て急いで
学校に向かったところ，とちゅうで妹を
追いこし，学校には妹より2分早く着き
ました。右のグラフは，妹が家を出てか
ら学校に着くまでの時間と，家から2人
がいる地点までの道のりの関係を表した
ものです。
　　このとき，次の問いに答えなさい。

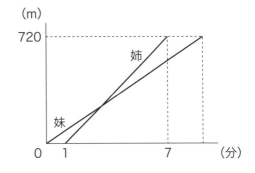

(1)　姉と妹の分速をそれぞれ求めなさい。

(2)　姉は学校の何m手前で妹を追いこしましたか。

　ゆうまさんは家を出て歩いて図書館に行き，借りていた本を返したあと，同じ速さで歩いて家にもどりました。ゆうまさんのお兄さんは，ゆうまさんが図書館に着いた時刻に家を出て，分速70mで歩いて図書館に向かいました。下のグラフは，ゆうまさんが家を出てからお兄さんと出会うまでの時間と，2人の家からの道のりの関係を表したものです。

　このとき，次の問いに答えなさい。

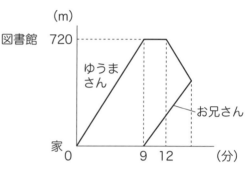

(1)　ゆうまさんは分速何mで歩きましたか。

(2)　ゆうまさんがお兄さんと出会うのはゆうまさんが家を出てから何分何秒後ですか。また，出会った地点は家から何m離れたところですか。

解説

(1)　図書館までの720mを9分で歩いているので，分速は，720÷9＝<u>80(m)</u>

(2)

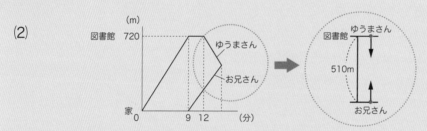

　　ゆうまさんが図書館を出たとき，お兄さんは3分歩いているので，お兄さんのいる地点は家から，70×3＝210(m)　このとき，図書館を出るゆうまさんとお兄さんとの間の道のりは，720－210＝510(m)

　　ゆうまさんとお兄さんは向かい合って進むので，1分間に80＋70＝150(m)ずつ近づきます。したがって，2人が出会うのは，ゆうまさんが図書館を出てから，$510 \div 150 = \frac{510}{150} = 3\frac{2}{5}$(分後)　$\frac{2}{5}$分は，$60 \times \frac{2}{5} = 24$(秒)なので，3分24秒後となります。よって，ゆうまさんが家を出てから，12分＋3分24秒＝<u>15分24秒後</u>

　　お兄さんはゆうまさんと出会うまでに，$3 + 3\frac{2}{5} = 6\frac{2}{5}$(分)歩いているので，家から2人が出会った地点までの道のりは，$70 \times 6\frac{2}{5} = $<u>448(m)</u>

Ⓐ　ある日，こゆきさんは家から840mはな
れている駅から毎分80mの速さで歩いて
家に向かいました。こゆきさんのお母さん
は，こゆきさんが駅を出発してから2分後
に家を出て，毎分90mの速さで歩いてこ
ゆきさんを迎えに行きました。右のグラフ
は，こゆきさんが駅を出発してからの時間
と家から2人がいる地点までの道のりを表
したものです。

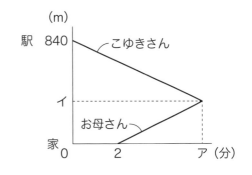

　　このとき，次の問いに答えなさい。

⑴　お母さんが家を出たとき，こゆきさんとお母さんの間は何mはなれていましたか。

⑵　グラフのア，イにあてはまる数をそれぞれ求めなさい。

Ⓑ　ある日，しょうさんは学校に忘れ物
をしてきたことに気づき，家から学校
まで歩いて取りに行きました。学校で
忘れ物を探しましたが見つからなかっ
たので，同じ速さで歩いて家に向かい
ました。しょうさんのお兄さんはしょ
うさんが忘れ物と思っていた物が家に
あったので，それを伝えるために家を

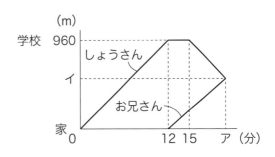

出て分速70mの速さで学校に向かいました。上のグラフは，しょうさんが家を出
てから2人が出会うまでの時間と家からの道のりを表したものです。
　　このとき，グラフのア，イにあてはまる数をそれぞれ求めなさい。

　ある日，兄と弟はおばあさんの家に歩いて行くことになりました。弟が先に家を出ておばあさんの家に向かい，その2分後に兄も家を出て弟のあとを追いました。兄が弟に追いついたとき，弟はおばあさんへのプレゼントを家に忘れてきたことを思い出し，家に引き返しました。兄はそのままおばあさんの家に向かい，兄がおばあさんの家に着いたと同時に弟は家に帰りつきました。下のグラフは，弟が家を出発してからの時間と兄と弟の間の道のりの関係を表したものです。兄と弟の歩く速さはそれぞれ一定であるとして，次の問いに答えなさい。

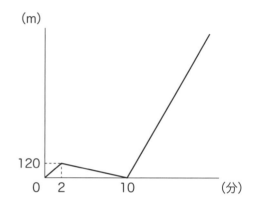

(1)　弟の歩く速さは毎分何mですか。

(2)　兄の歩く速さは毎分何mですか。

(3)　兄弟の家からおばあさんの家まで何mありますか。

解説　ポイント▶ 2人が進むようすを図にかいてみよう！

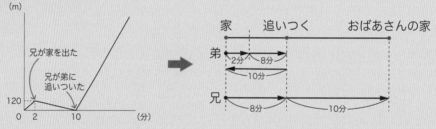

(1)　はじめは弟しか歩いていないので，弟の分速はグラフから，120÷2＝<u>60</u><u>(m)</u>とわかります。

(2)　グラフから弟は歩き始めて10分後に兄に追いつかれたことがわかります。弟が10分間に歩いた道のりを兄は8分で歩くので，兄の分速は，60×10÷8＝<u>75(m)</u>

(3)　弟は来た道を10分でもどります。よって，兄は弟に追いついた地点からおばあさんの家まで10分で着きます。兄は家からおばあさんの家まで18分で歩いたことになるので，おばあさんの家までの道のりは，75×18＝<u>1350(m)</u>

Ⓐ　ある日，みかさんは，おばさんの家に歩いて行くことになりました。みかさんのお兄さんはみかさんが忘れ物をしていることに気づき，忘れ物を持ってあとから自転車で追いかけました。お兄さんはみかさんに忘れ物を渡すとすぐに家に戻りました。お兄さんが家に帰りついたのとみかさんがおばさんの家に到着したのは同時だったそうです。右のグラフはみかさんが家を出てからの時間と2人の間の道のりを表したものです。

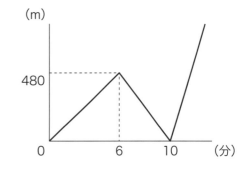

　　このとき，次の問いに答えなさい。

(1)　みかさんとお兄さんの分速をそれぞれ求めなさい。ただし，2人ともそれぞれ一定の速さで進むものとします。

(2)　みかさんの家とおばさんの家は何mはなれていますか。

Ⓑ　ある日，姉と妹は同時に家を出発して公園に向かいました。姉は自転車で，妹は歩いて出発しました。出発してから6分後，姉は自転車を止めて妹が来るのを待っていましたが，なかなか来ないので自転車で来た道を戻りました。姉は妹と会ってからは妹と同じ速さで自転車を押して歩きました。右のグラフは2人が家を出発してからの時間と2人の間の道のりを表したものです。

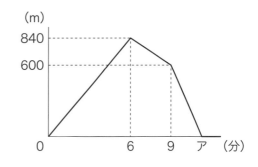

　　姉の自転車の速さ，妹が歩く速さはそれぞれ一定で，妹はずっと歩き続けていたものとします。

　　このとき，グラフのアにあてはまる数を求めなさい。

1 右のグラフは，2台の自動車A，Bが150km離れている2地点間を走ったときのようすを表したものです。

　このとき，次の問いに答えなさい。

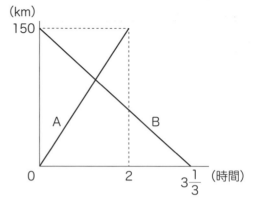

(1) 自動車A，Bの速さを時速で求めなさい。

(2) 2つの自動車がすれ違うのは出発してから何時間何分後ですか。

2 ある日，弟が歩いて家を出発した後で，兄が弟の忘れ物に気づき，走って弟を追いけました。右のグラフはそのときの弟が家を出てからの時間と兄と弟の間の距離を表したものです。

　このとき，次の問いに答えなさい。

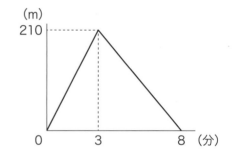

(1) 弟の速さは毎分何mですか。

(2) 兄の速さは毎分何mですか。

3 ある日，姉が家を出て駅に向かった時刻ちょうどに妹が駅を出て家に向かいました。右のグラフは姉が家を出てからの時間と家から2人がいる地点までの道のりを表したものです。2人がすれ違ったのは姉が家を出てから何分後ですか。また，すれ違った地点は家から何m離れた地点ですか。

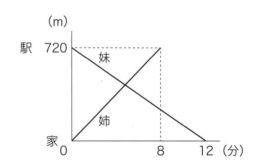

4 めいさんはおばあさんと同じ家で暮らしています。毎朝，めいさんとおばあさんは家を同時に出発し，めいさんはジョギングで公園まで2往復し，おばあさんは同じ公園まで歩いて1往復します。めいさんは休まず走り続けますが，おばあさんは公園で10分休んでから家に戻ります。次のグラフは，ある朝，めいさんとおばあさんが家を出発してからの時間と家から2人がいる地点までの道のりを表したものです。

これを見て，あとの問いに答えなさい。

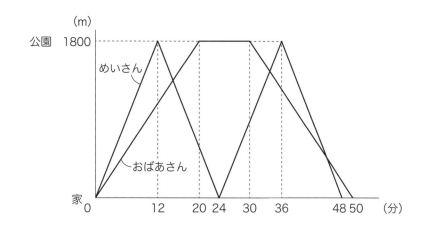

⑴　めいさんが走る速さとおばあさんが歩く速さはそれぞれ毎分何mですか。

⑵　めいさんが初めておばあさんとすれ違うのは2人が家を出てから何分後ですか。また，それは家から何m離れたところですか。

⑶　めいさんが2度目におばあさんとすれ違うのは2人が家を出てから何分後ですか。また，それは家から何m離れたところですか。

⑷　めいさんが同じ方向に向かって歩いているおばあさんを追いこしたのは，2人が家を出てから何分後ですか。また，それは家から何m離れたところですか。

5 右のグラフは，妹がA地を出発
して歩いてB地へ向かい，同時に
姉がB地を出発して自転車でA地
に向かったようすを表したもので
す。姉はA地でしばらく休んだあ
と，行きと同じ速さでB地に帰り
ました。
　このとき，次の問いに答えなさい。

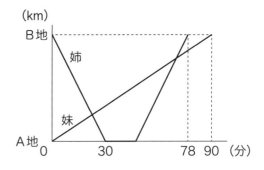

(1)　姉はA地で何分間休みましたか。

(2)　姉と妹がすれ違ったのは，2人が出発してから何分後ですか。

(3)　妹は姉に追い越されてから何分後にB地に着きましたか。

6 ある日，弟が駅に向かって
歩いて家を出てから6分後に
兄も駅に向かって歩いて家を
出ました。弟は途中にある公
園で8分間休み，その後も同
じ速さで駅に向かいました。
兄は駅で定期券を買うのに4

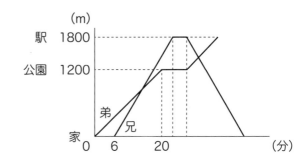

分かかり，買ったあとはすぐに行きと同じ速さで家に戻りました。
　右上のグラフはそのときの2人のようすを表したものです。
　このとき，次の問いに答えなさい。

(1)　兄と弟の歩く速さをそれぞれ分速で求めなさい。

(2)　兄が駅からの帰りに弟とすれ違ったのは，弟が家をでてから何分何秒後で
すか。

7 ある日，兄は7時に家を出発し，分速80mで歩いて1400m離れた駅に向かいました。ところが，家を出発して8分後，途中のポストに手紙を投函するのを忘れたことに気づき，来た道を同じ速さで引き返しました。引き返してから3分後に兄は，7時7分に家を出て歩いて駅に向かっていた弟とすれ違いました。弟とすれ違ってから2分後に兄はポストに手紙を投函し，走って駅に向かったところ，2人は同時に駅に着きました。次のグラフは，兄が家を出てからの時間と家から2人のいる地点までの道のりを表したものです。

　これを見て，あとの問いに答えなさい。

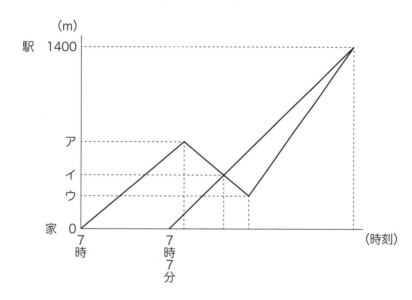

(1)　グラフのア，イ，ウにあてはまる数を答えなさい。

(2)　弟の歩く速さは毎分何mですか。

(3)　2人が駅に着いたのは何時何分ですか。

(4)　兄が弟の300m後ろを弟と同じ方向に走っていたのは，何時何分何秒でしたか。

1 ある日，家から20km離れた海岸まで，かいとさんとお父さんが同時に家を出発して出かけました。かいとさんは自転車で，お父さんはジョギングで出発しましたが，お父さんは3km走ったところで疲れてしまい，その後はタクシーに乗って海岸まで行きました。次のグラフは2人が家を出てからの時間と家からの道のりを表したものです。かいとさんの自転車の速さ，お父さんのジョギングの速さ，タクシーの速さはそれぞれ一定であるとして，あとの問いに答えなさい。

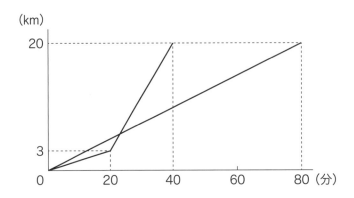

(1) かいとさんの自転車の速さ，お父さんのジョギングの速さ，タクシーの速さはそれぞれ時速何kmですか。

(2) お父さんの乗ったタクシーがかいとさんを追いこしたのは2人が家を出てから何分何秒後ですか。

(3) お父さんがもう少し走ってタクシーに乗る時間を遅らせれば，お父さんの乗ったタクシーとかいとさんの自転車は同時に海岸へ到着することができるはずでした。2人同時に海岸に到着するにはお父さんはあと何分走っていればよかったですか。

2 めいさんの家，学校，ゆうまさんの家，駅は，下の図1のように，一直線に伸びている道路にそってあります。ある日，めいさんは家を8時に出発して歩いて駅に向かいました。また，ゆうまさんは8時2分に家を出発して歩いて学校に向かいました。出発後しばらくして2人はすれ違い，ゆうまさんは8時14分に学校に，めいさんは8時17分に駅に到着しました。下の図2のグラフは，めいさんが家を出発してからの時間と2人の間の距離を表したものです。これを見て，あとの問いに答えなさい。

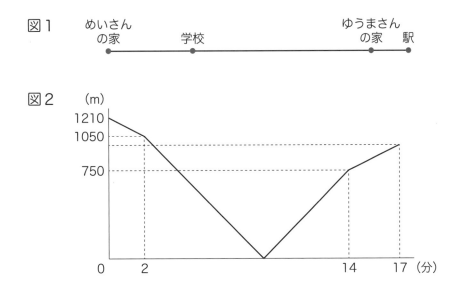

⑴　2人の歩く速さの和を分速で求めなさい。

⑵　ゆうまさんの歩く速さは分速何mですか。

⑶　2人がすれ違ったのは8時何分ですか。

⑷　ゆうまさんの家と学校は何m離れていますか。

3 ダイヤグラム

例題1

A駅と8km離れたB駅の間に鉄道がしかれており，その真横にバスが通る道路が通っています。

下のグラフは，A駅を午前9時に発車し，B駅との間を往復する電車とバスの運行のようすを，午前9時からの時間を横じくに，A駅からの道のりをたてじくにとって表したものです。

電車とバスは午後6時まで運行され，どちらも各駅で2分ずつ停車します。

このとき，次の問いに答えなさい。

(1) 電車とバスはそれぞれ時速何kmで走っていますか。

(2) 電車とバスは午前9時から午後6時までに何回すれ違いますか。

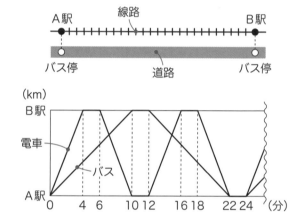

解説

(1) A駅とB駅の間の8kmを，電車は4分，バスは10分で走ります。

電車の時速は，$8 \div \dfrac{4}{60} = \underline{120}$(km)　バスの時速は，$8 \div \dfrac{10}{60} = \underline{48}$(km)

(2) グラフには初めの24分の形（右の図のアとイを合わせた部分）がくり返し現れます。午前9時から午後6時（18時）までの時間は，18−9＝9（時間）

9時間を分に直すと，60×9＝540（分）なので，540÷24＝

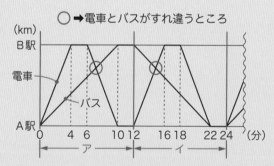

○→電車とバスがすれ違うところ

22あまり12より，午後6時までに初めの24分の形が22回くり返されて，さいごにアの形があることがわかります。すれ違う回数は最初の24分の中に2回，アの中に1回あるので，午後6時までに電車とバスがすれ違う回数は，2×22＋1＝<u>45（回）</u>です。

　A駅と9km離れたB駅の間に鉄道がしかれており，その真横にバスが通る道路が通っています。午前9時に電車はA駅を，バスはB駅を同時に出発し，A駅とB駅の間を一定の速さで往復します。下のグラフは，電車とバスの運行のようすを，午前9時からの時間を横じくに，A駅からの道のりをたてじくにとって表したものです。

　電車とバスは午後6時まで運行され，電車は各駅で2.5分，バスは各駅で3分停車します。

　このとき，あとの問いに答えなさい。

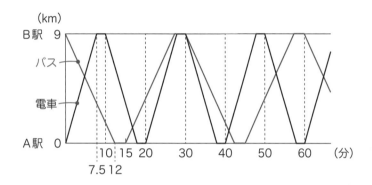

(1)　電車とバスはそれぞれ分速何mで走っていますか。

(2)　午前9時から午後6時までに電車とバスは何回すれ違いますか。

(3)　午前9時から午後6時までに電車とバスが同じ駅に同時に停車している時間は全部で何分ですか。

(4)　電車とバスが同時に出発してからはじめてすれ違うのはA駅から何kmの地点ですか。

A駅とB駅のちょうど真ん中にP駅があります。下のグラフは，A駅を午前6時に発車した普通電車と，A駅を午前6時10分に発車した特急電車の進行のようすを表したものです。普通電車はP駅にとまりますが，特急電車はとまりません。また，普通電車も特急電車も停車駅で10分間停車します。

このとき，次の問いに答えなさい。

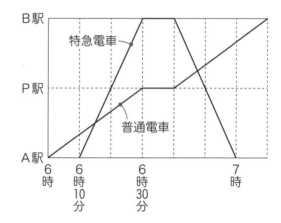

(1)　特急電車が普通電車をはじめて追いこすのは午前6時何分ですか。

(2)　特急電車と普通電車がはじめてすれ違うのは午前6時何分何秒ですか。

解　説　**ポイント**　相似な三角形（拡大図・縮図の関係）を読み取ろう！

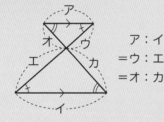

ア：イ
＝ウ：エ
＝オ：カ

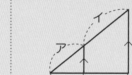

ア：イ＝ウ：エ

ア：イ＝ウ：エ

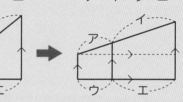

(1)　右の図の斜線部分の三角形の相似を使います。ア：イ＝1：1なので，ウ：エも1：1，オ：カも1：1になります。したがって，グラフ中のオの時間は，30÷2＝15（分）になります。よって，特急電車がはじめて普通電車を追いこすのは，<u>午前6時15分</u>。

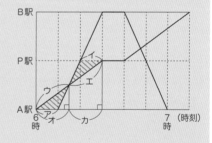

(2)　右の図の斜線部分の三角形の相似を使います。ア：イ＝1：3なので，ウ：エも1：3，オ：カも1：3になります。よって，特急電車が普通電車とはじめてすれ違うのは，午前6時40分の，30÷(1＋3)＝7.5（分後）になります。0.5分は，60×0.5＝30（秒）なので，<u>午前6時47分30秒</u>。

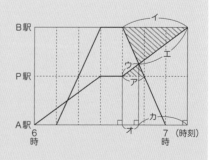

答えは別冊11ページ

A A駅とB駅のちょうど真ん中にP駅があります。右のグラフは，A駅を午前6時に発車した普通電車と，A駅を午前6時5分に発車した急行電車の進行のようすを表したものです。普通電車はP駅にとまりますが，急行電車はとまりません。また，普通電車も急行電車も停車駅で5分間停車します。

このとき，次の問いに答えなさい。

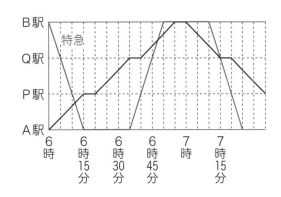

(1) 急行電車と普通電車がはじめてすれ違うのは午前何時何分ですか。

(2) 急行電車と普通電車が2度目にすれ違うのは午前何時何分ですか。

B A駅とB駅の間の道のりをちょうど3等分するところにP駅とQ駅があります。右のグラフは，午前6時にA駅を発車した普通電車と，B駅を発車した特急電車の進行のようすを表したものです。普通電車は各駅にとまり，特急電車はP駅，Q駅にはとまりません。また，普通電車は各駅に5分，特急電車はA駅とB駅に20分停車します。

このとき，次の問いに答えなさい。

(1) 特急電車と普通電車がはじめてすれ違うのは午前何時何分ですか。

(2) 特急電車が普通電車をはじめて追い越すのは午前何時何分ですか。

A駅とC駅の間にB駅があり，各駅の間の道のりは6kmです。右のグラフは，A駅とC駅の間を往復する普通電車と特急電車の進行のようすを表したものです。横じくは普通電車の始発が発車してからの時間，たてじくはA駅からの道のりを表しています。

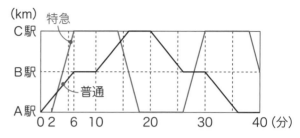
(km) 特急
C駅
B駅
A駅
普通
0 2 6 10   20   30   40 (分)

普通電車も特急電車も各停車駅でそれぞれ決まった時間停車するものとして，次の問いに答えなさい。

(1) 普通電車と特急電車はそれぞれ時速何kmで走っていますか。

(2) 特急電車の駅での停車時間は1回何分ですか。

(3) 普通電車がB駅で停車中にはじめて特急電車がB駅を通過するのは，普通電車の始発が発車してから何分後ですか。

解 説

(1) 普通電車はA駅とB駅の間の6kmを6分で走ることがグラフからわかるので，普通電車の時速は，6÷6×60＝<u>60(km)</u>
特急電車はA駅とC駅の間の12kmを，6−2＝4(分)で走っているので，特急電車の時速は，12÷4×60＝<u>180(km)</u>

(2) 普通電車の始発が発車してから30分後までに，特急電車はA駅とC駅の間を3回走り，駅で2回停車しています。普通電車の始発の2分後に特急電車が発車しているので，駅での停車時間は，(30−2−4×3)÷2＝<u>8(分)</u>です。

(3) 普通電車がB駅で停車中にはじめて特急電車が通過することを表しているのは右のグラフの○をつけたところです。このときの特急電車がC駅に到着するのは，グラフから普通電車の始発が発車して30分後とわかります。

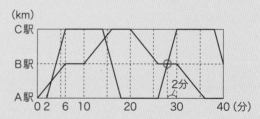
(km)
C駅
B駅
A駅
2分
0 2 6 10   20   30   40 (分)

特急電車がB駅からC駅までにかかる時間は，4÷2＝2(分)なので，求める時間は普通電車の始発から，30−2＝<u>28(分後)</u>です。

A駅とC駅の間にB駅があり，各駅の間の道のりは9kmです。下のグラフは，A駅とC駅の間を往復する普通電車と急行電車の進行のようすを表したものです。横じくは普通電車と急行電車の始発が発車してからの時間，たてじくはA駅からの道のりを表しています。

普通電車も特急電車も各停車駅でそれぞれ決まった時間停車するものとして，次の問いに答えなさい。

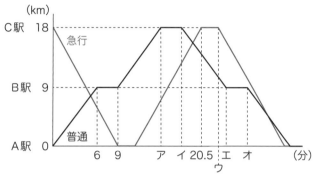

(1) 普通電車と特急電車はそれぞれ分速何mで走っていますか。

(2) 急行電車が各駅で停車している時間は1回何分ですか。

(3) グラフのア〜オにあてはまる数をそれぞれ求めなさい。

(4) 急行電車と普通電車がはじめてすれ違うのは，A駅から何km離れた地点ですか。

(5) 急行電車と普通電車がはじめてすれ違うのは，始発が発車してから何分後ですか。

(6) 急行電車がはじめて普通電車を追い越すのは，始発が発車してから何分後ですか。

❶　下のグラフは，ある日のA駅とC駅の間を往復する急行電車の運行のようすを表しています。B駅はA駅とC駅のちょうど真ん中にありますが，急行電車はB駅を通過します。このとき，あとの問いに答えなさい。

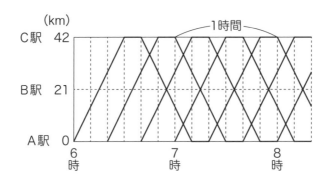

⑴　何台の急行電車が走っていますか。

⑵　この日の午後6時までにB駅で急行電車がすれ違う回数は何回ありますか。

❷　右のグラフは，A駅からB駅まで行く急行電車と普通電車のようすです。普通電車はとちゅうのC駅で停車しますが，急行電車は通過します。
　　このとき，次の問いに答えなさい。

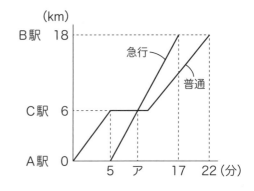

⑴　急行電車と普通電車はそれぞれ時速何kmで走っていますか。

⑵　グラフのアにあてはまる数を求めなさい。

⑶　普通電車がC駅を出発するのは，急行電車がC駅を通過してから何分後ですか。

⑷　急行電車がB駅に着いたとき，普通電車はB駅まであと何kmのところを走っていますか。

3 A町とB町の間を時速36kmで往復するバスがあります。バスはそれぞれの町で10分間停車します。しょうたさんは自転車でA町からB町へバスと同じ道を走ります。

下のグラフは，ある日の10時にA町を発車したバスと10時20分にA町を出発したしょうたさんの自転車のようすを表したものです。しょうたさんはB町からA町に戻ってくるバスと10時45分にはじめてすれ違いました。

このとき，あとの問いに答えなさい。

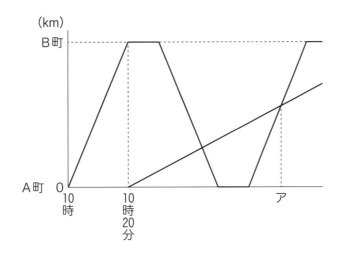

(1) しょうたさんがバスとはじめてすれ違った地点はA町から何km離れたところですか。

(2) しょうたさんの自転車の速さは分速何mですか。

(3) グラフのアにあてはまる時刻を求めなさい。

(4) しょうたさんの自転車がB町からA町に向かうバスと2回目にすれ違うのは何時何分ですか。また，それはB町まであと何mの地点ですか。

1 A駅とC駅の間にB駅があります。下のグラフは各駅停車の電車がA駅とC駅の間で毎日運行されているようすを表したものです。すべての電車は時速72kmで走り，各駅に20分間停車します。

せいなさんの家からA駅までは歩いて10分かかり，ゆうなさんの家からC駅までは自動車で5分かかります。このとき，あとの問いに答えなさい。

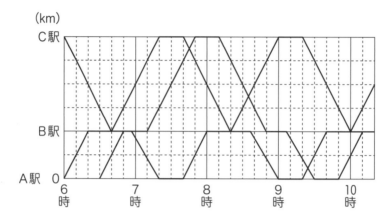

(1) グラフは何台の電車が動いているようすを表していますか。

(2) A駅からB駅までの道のりとB駅からC駅までの道のりをそれぞれ求めなさい。

(3) せいなさんは家を5時45分に出てA駅まで歩き，電車でC駅まで行き，そこで買い物をして10時までに家に戻るつもりです。C駅にいることができる時間は最大で何分ですか。

(4) 別な日に，せいなさんはゆうなさんの家に行くために，家を6時30分に出てA駅まで歩き，電車でC駅に向かいました。ゆうなさんのお父さんはせいなさんを途中のB駅まで迎えに行こうと思い，ゆうなさんと一緒に自動車で家を6時55分に出発しました。ゆうなさん親子がせいなさんがB駅にいる間にB駅に到着するには自動車の速さを時速何km以上何km以下で走らなければなりませんか。ただし，道路は線路に沿ってあり，電車に乗る時間やホームに向かう時間などは考えないものとします。

2 A地とB地の間を往復するバスがあります。バスはA地でもB地でも4分間停車します。下のグラフはこのバスの運行のようすを表したものです。

また，あらたさんはバスがA地を出発すると同時に，バスと同じ道をA地からB地に向かって歩き出します。あらたさんが分速88mで歩くとバスが3回目にB地に到着するときに同時にB地に到着し，分速80mで歩くとバスが3回目にB地を発車するときにB地に到着します。

このとき，あとの問いに答えなさい。

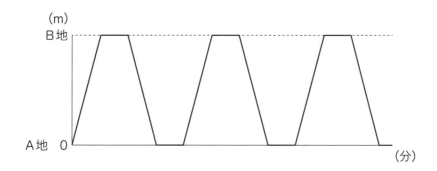

⑴　あらたさんが分速88mで歩いたときと分速80mで歩いたときのようすをグラフに書き入れなさい。

⑵　A地とB地は何m離れていますか。

⑶　バスの速さは時速何kmですか。

⑷　あらたさんが分速88mで歩いたとき，B地からA地に向かうバスと初めてすれ違うのは歩き出してから何分後ですか。

⑸　あらたさんのお兄さんはあらたさんと同時に自転車でA地を出発してB地に向かいます。2度目にバスがA地を出発するまでにB地に着くためには自転車の速さを分速何m以上にしなければなりませんか。

例題 1

右のグラフは，川に沿って7.2km離れているA地とB地の間をある船が往復したようすを表しています。船の静水時の速さと川の流れの速さは常に一定であるものとして，次の問いに答えなさい。

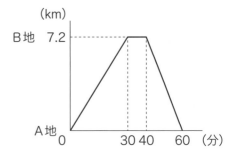

(1) A地とB地はどちらが上流にありますか。

(2) 川の流れの速さとこの船の静水時の速さはそれぞれ分速何mですか。

解説　(1)　下りの方が上りよりも速くなるので，かかる時間は下りの方が短くなります。A地からB地へは30分，B地からA地へは，60－40＝20(分)かかっているので，B地が上流にあるとわかります。

(2)　(下りの速さ)＝(船の静水時の速さ)＋(川の流れの速さ)，
(上りの速さ)＝(船の静水時の速さ)－(川の流れの速さ)となります。
上りの速さは分速，7200÷30＝240(m)，下りの速さは分速，7200÷20＝360(m)　これを線分図で表すと，下の図のようになります。

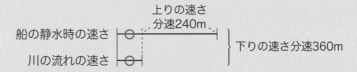

よって，川の流れの速さは分速，(360－240)÷2＝60(m)
船の静水時の速さは分速，60＋240＝300(m)

参考　流水算(川の流れを考えに入れる問題)では，上のような線分図をかいて和と差の関係から求めればよいのですが，下の図のように表す方法もあります。求める式や考え方は同じです。

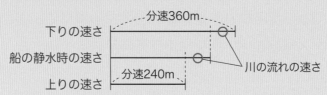

Ⓐ 右のグラフは，川に沿って4km離れているA地とB地の間をある船が往復したようすを表しています。船の静水時の速さと川の流れの速さは常に一定であるものとして，次の問いに答えなさい。

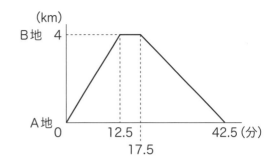

(1) A地とB地はどちらが上流にありますか。

(2) 川の流れの速さとこの船の静水時の速さはそれぞれ分速何mですか。

Ⓑ 右のグラフは，川に沿って3.6km離れているA地とB地の間をある船が往復したようすを表しています。船の静水時の速さと川の流れの速さは常に一定であるものとして，次の問いに答えなさい。

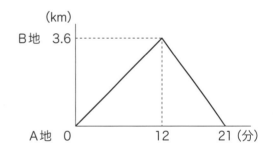

(1) A地とB地はどちらが上流にありますか。

(2) 川の流れの速さとこの船の静水時の速さはそれぞれ分速何mですか。

例題 2

　ある日，1そうの船が川沿いのA地から川上のB地に向かって出発しました。ところが，A地から1200m上流にあるC地で船のエンジンが故障したので，直す間にD地まで流されました。D地でエンジンが直ったので，そこからは静水時の速さを最初の1.5倍にしてB地に向かい，A地を出発して16分後にB地に到着しました。

　このとき，次の問いに答えなさい。

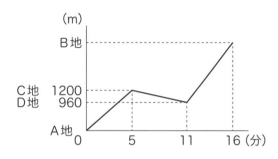

⑴　川の流れの速さは毎分何mですか。

⑵　船の最初の静水時の速さは毎分何mでしたか。

⑶　B地はA地から何m上流にありますか。

解　説　⑴　右の図のように表すとわかりやすくなります。C地からD地までの距離は，1200−960＝240(m)で，流されていた時間は，11−5＝6(分間)なので，川の流れの速さは，毎分，240÷6＝<u>40(m)</u>

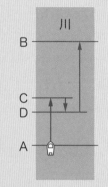

⑵　最初の上りの速さは，毎分，1200÷5＝240(m)なので，最初の静水時の船の速さは，毎分，240＋40＝<u>280(m)</u>

⑶　故障を直したあとの船の静水時の速さは，毎分，280×1.5＝420(m)となり，故障を直したあとの上りの速さは，毎分，420−40＝380(m)になります。

　　D地からB地まで上るのにかかった時間は，16−11＝5(分)なので，D地からB地までの距離は，380×5＝1900(m)

　　したがって，A地からB地までの距離は，960＋1900＝2860(m)

　　B地はA地の<u>2860m</u>上流にあることになります。

Ⓐ　ある日，1そうの船が川沿いのA地から川上のB地に向かって出発しました。ところが，A地から1200m上流にあるC地で船のエンジンが故障したので，直す間にD地まで流されました。D地でエンジンが直ったので，そこからは静水時の速さを最初の1.6倍にしてB地に向かい，A地を出発して16分後にB地に到着しました。

このとき，次の問いに答えなさい。

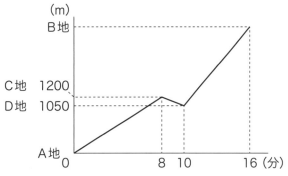

(1)　川の流れの速さは毎分何mですか。

(2)　船の最初の静水時の速さは毎分何mでしたか。

(3)　B地はA地から何m上流にありますか。

Ⓑ　ある日，1そうの船が川上のB地を出発して川下のA地に向かいました。ところが，出発して5分後，途中のC地で船のエンジンが故障したので，C地からA地までは川の流れの速さで進み，B地を出発して35分後にA地に到着しました。右のグラフは，船がB地を出発してからの時間とA地から船までの道のりを表したものです。このとき，この船がエンジンをかけていたときの船の静水時の速さと川の流れの速さはそれぞれ分速何mでしたか。

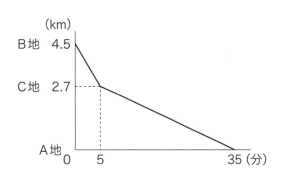

例題3

　静水上ではふだん同じ速さで走るA船とB船があります。ある日，A船は川上のP地を出発して3900m川下にあるQ地に向かいました。B船はA船がP地を出発するのと同時にQ地を出発してP地に向かいました。A船は出発して5分後にエンジンが故障して3分間川の流れの速さで下流に流されましたが，B船とすれ違ったときにようやくエンジンが直ったので，今度は前より速さを遅くしてQ地に向かいました。右のグラフはA船とB船が同時に出発してからの時間とQ地からの距離の関係を表したものです。

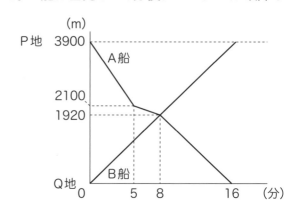

　このとき，次の問いに答えなさい。

(1)　川の流れの速さは毎分何mですか。

(2)　A船とB船の最初の静水時の速さは毎分何mでしたか。

(3)　A船は故障を直した後に静水時の速さを最初の静水時の速さの何%にしましたか。

解　説　　(1)　A船が故障後3分間に流された距離は，グラフより，2100－1920＝180(m)
　　　　　　よって，川の流れの速さは毎分，180÷3＝<u>60(m)</u>とわかります。

　　　(2)　B船が8分で進んだ距離は1920mなので，上りの分速は，1920÷8＝240(m)
　　　　　静水時の速さはそれより毎分60m速いので，毎分，240＋60＝<u>300(m)</u>

　　　(3)　A船の故障後の下りの速さは，毎分，1920÷(16－8)＝240(m)
　　　　　このときの静水時の速さは，毎分，240－60＝180(m)なので，最初の静水時の速さの，180÷300＝0.6(倍)　よって，0.6×100＝<u>60(%)</u>にしたことがわかります。

　参考　（下りの速さ）＝（静水時の速さ）＋（川の流れの速さ）
　　　　　（上りの速さ）＝（静水時の速さ）－（川の流れの速さ）

　静水上ではふだん同じ速さで走るA船とB船があります。ある日，A船は川上のP地を出発して3000m川下にあるQ地に向かいました。B船はA船がP地を出発するのと同時にQ地を出発してP地に向かいました。A船は出発して4分後にエンジンが故障して4分間川の流れの速さで下流に流されましたが，B船とすれ違ったときにようやくエンジンが直ったので，今度は前より速さを上げてQ地に向かいました。右上のグラフはA船とB船が同時に出発してからの時間とQ地からの距離の関係を表したものです。
　このとき，次の問いに答えなさい。

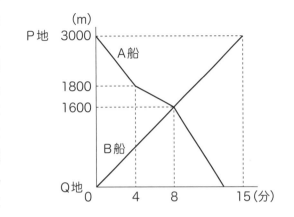

(1)　川の流れの速さは毎分何mですか。

(2)　A船とB船の最初の静水時の速さは毎分何mでしたか。

(3)　A船はP地を出発してから13分後にQ地に着きました。故障を直した後に静水時の速さを最初の静水時の速さの何倍にしましたか。

(4)　A船のエンジンが故障していなければA船とB船は出発してから何分後にすれ違っていましたか。またすれ違う地点はP地から何m下流ですか。

答えは別冊15ページ

1 川に沿って18km離れているA地とB地があります。ある日，A地からB地へ向かう船とB地からA地へ向かう船が同時に出発しました。右のグラフはそのときのようすを表しています。2せきの静水時の速さは同じで，川の流れの速さは一定です。
　このとき，次の問いに答えなさい。

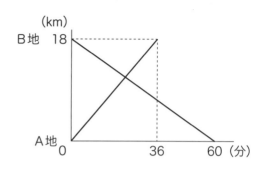

⑴　A地とB地はどちらが上流にありますか。

⑵　静水時の船の速さと川の流れの速さはそれぞれ分速何mですか。

⑶　2せきの船がすれ違うのは出発してから何分後で，A地から何m離れたところですか。

2 右のグラフは川に沿って48km離れている川下のA地から川上のB地までの間を船で往復したときのようすを表したものです。船はB地に到着したらすぐに船のエンジンを止めたのでA地とB地の間のC地まで川の流れの速さで流されました。その後，エンジンをかけ直してA地まで戻ってきました。
　川の流れの速さと船の静水時の速さは一定として，次の問いに答えなさい。

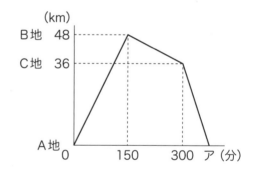

⑴　川の流れの速さは分速何mですか。

⑵　グラフのアにあてはまる数を求めなさい。

3 川下のA地から，8400m離れている川上のB地まで船で往復しました。船の静水時の速さは一定でしたが，帰りは川の流れの速さが行きの $\frac{3}{5}$ になっていました。右のグラフは船がA地を出発してからの時間と船からA地までの距離を表したものです。
　　このとき，次の問いに答えなさい。

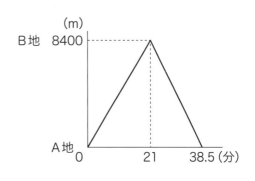

(1)　行きと帰りの速さはそれぞれ分速何mですか。

(2)　この船の静水時の速さは分速何mですか。

4 右のグラフはある船が川に沿ってあるA地点とB地点の間を往復したときのようすです。船の静水時の速さは常に一定であるとして，次の問いに答えなさい。

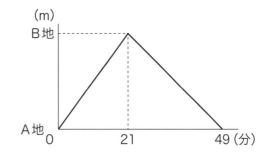

(1)　A地とB地はどちらが川上にありますか。

(2)　川の流れの速さと船の静水時の速さの比を求めなさい。

(3)　この船がA地を出発すると同時に静水時の速さが同じである船がB地を出発してA地に向かうと，出発して何分後に2つの船はすれ違いますか。

練習問題 発展編

答えは別冊16ページ

1 静水での速さが同じ2せきの船AとBが，一定の速さで流れる川に沿って19.2km離れているP地とQ地の間を往復します。船Aは下流にあるP地を出発しますが，とちゅうのR地でいったんエンジンを止め，S地まで流されたときに再びエンジンをかけてQ地に向かいます。

　船Bは船AがP地を出発するのと同時にQ地を出発し，途中でエンジンを止めて15分間流されたあと再びエンジンをかけてP地に向かい，P地に着いてからすぐにQ地まで戻ります。

　次のグラフは，船AがP地を出発してからの時間とP地からの距離を表したものです。

　このとき，あとの問いに答えなさい。

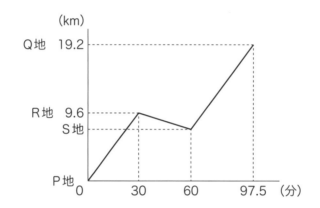

(1) 川の流れの速さと船の静水での速さはそれぞれ分速何mですか。

(2) 船BがQ地に戻るのは船AがQ地に到着してから何分後ですか。

(3) 船AがQ地に到着してから30分後に船BがQ地に戻るようにするには，船Bがエンジンを止める時間を何分間にすればよいですか。

2 下のグラフは，船Pが川下のA地を出発して川上のB地まで往復したようすを表しています。船Pは行きに途中のC地で20分間荷物を積むため停船していました。船Pは，行きのA地からC地までと帰りのB地からA地までは同じ静水時の速さで進みましたが，行きのC地からB地までは荷物を積んだため静水時の速さを落として進みました。また，川の流れの速さは常に一定でした。

船PがA地を出発した10分後に，モーターボートQがA地を出発し，A地とB地の間を往復しました。モーターボートQの静水時の速さは時速42kmです。

このとき，あとの問いに答えなさい。

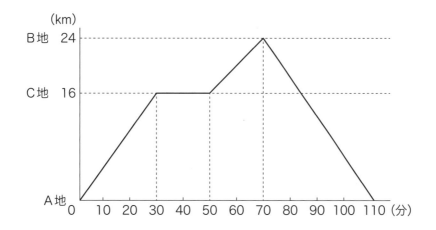

(1) 川の流れの速さは時速何kmですか。

(2) 船PがC地からB地まで向かうときの静水時の速さは時速何kmですか。

(3) モーターボートQがC地を通過したのは，船PがC地に着いてから何分後ですか。

(4) モーターボートQはB地に到着してすぐにA地に向かって出発しました。モーターボートQが船Pとすれ違うのは，船PがA地を出発してから何分後ですか。

5 点や図形の移動とグラフ

例題1

右の図1のような長方形ABCDの辺上を点Pは頂点Aを出発して頂点B，Cを通り，頂点Dまで一定の速さで動きます。図2のグラフは点Pが出発してからの時間と三角形APDの面積を表したものです。

このとき，次の問いに答えなさい。

(1)　点Pは秒速何cmで動きますか。

(2)　図2のグラフのア，イにあてはまる数を求めなさい。

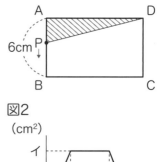

図1

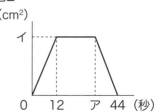

図2

解説

ポイント　三角形APDの面積は次のように変化します。

① 点PがAB上を動くとき　　② 点PがBC上を動くとき　　③ 点PがCD上を動くとき

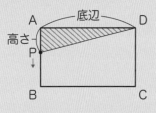

だんだん大きくなる。

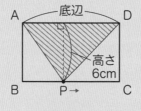

変わらない。

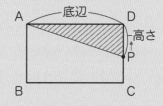

だんだん小さくなる。

(1)　グラフから点Pは辺AB上を12秒で動くことがわかります。

よって，点Pの秒速は，6÷12＝<u>0.5(cm)</u>

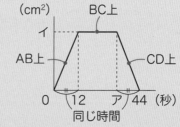

(2)　辺AB上と辺CD上を動いている時間は同じなので，グラフのアにあてはまる数は，44－12＝<u>32</u>　したがって，点Pは辺BC上を32－12＝20(秒)で動くことがわかります。点Pの秒速は0.5cmだから，辺BCの長さは，0.5×20＝10(cm)です。イは点Pが辺BC上にあるときの三角形APDの面積を表しているので，

10×6÷2＝<u>30</u>(cm²)

A 右の図1のような長方形ABCDの辺上を点
Pは頂点Aを出発して頂点B，Cを通り，頂点
Dまで一定の速さで動きます。図2のグラフ
は点Pが出発してからの時間と三角形APDの
面積を表したものです。
　このとき，次の問いに答えなさい。

図1

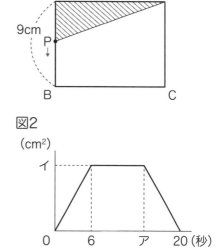

(1)　点Pは秒速何cmで動きますか。

(2)　図2のグラフのア，イにあてはまる数を求
めなさい。

B 右の図1のような長方形ABCDの辺上を点
Pは頂点Aを出発して頂点B，Cを通り，頂点
Dまで一定の速さで動きます。図2のグラフ
は点Pが出発してからの時間と三角形APDの
面積を表したものです。
　このとき，次の問いに答えなさい。

図1

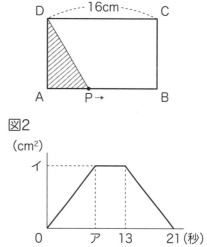

(1)　点Pは秒速何cmで動きますか。

(2)　図2のグラフのア，イにあてはまる数を求
めなさい。

(3)　三角形APDの面積が50cm²になるのは何秒後と何秒後ですか。

右の図1のような台形ABCDの辺上を点Pは頂点Aを出発して頂点B，Cを通り頂点Dまで秒速1cmで動きます。図2のグラフは，点Pが出発してからの時間と三角形APDの面積を表したものです。

このとき，次の問いに答えなさい。

(1)　図2のグラフのア，イにあてはまる数をそれぞれ求めなさい。

(2)　三角形APDの面積が25cm²になるのは点Pが出発してから何秒後と何秒後ですか。

図1

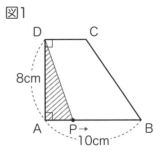

図2

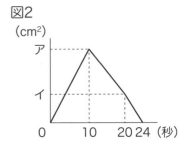

解説

(1)　グラフのアは，点Pが頂点Bについたときの三角形APDの面積を表しているので，アにあてはまる数は，10×8÷2＝<u>40</u>(cm²)

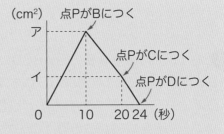

また，点PがCD上を動くのにかかる時間は，24－20＝4(秒)　よって，辺CDの長さは，1×4＝4(cm)　グラフのイは，点Pが頂点Cについたときの三角形APDの面積を表しているので，イにあてはまる数は，8×4÷2＝<u>16</u>(cm²)

(2)　点Pが出発してから10秒後まで三角形APDの面積は毎秒，40÷10＝4(cm²)ずつ増えます。よって，三角形APDの面積が25cm²になるのは，25÷4＝<u>6.25(秒後)</u>　分数で表すと，<u>$6\frac{1}{4}$(秒後)</u>になります。

また，点Pが出発して10秒後から20秒後の間，三角形APDの面積は，20－10＝10(秒間)に，40－16＝24(cm²)減ります。したがって，1秒間に，24÷10＝2.4(cm²)ずつ減ることになります。三角形APDの面積40cm²が25cm²まで減るのにかかる時間は，(40－25)÷2.4＝6.25秒だから，点Pが出発してから，10＋6.25＝<u>16.25(秒後)</u>　分数で表すと，<u>$16\frac{1}{4}$(秒後)</u>になります。

A 右の図1のような台形ABCDの辺上を点
Pは頂点Aを出発して頂点B，Cを通り頂点
Dまで秒速1cmで動きます。図2のグラフ
は点Pが出発してからの時間と三角形APD
の面積を表したものです。

　このとき，図2のグラフのア，イ，ウ，
エにあてはまる数をそれぞれ求めなさい。

図1

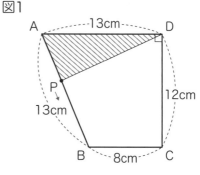

図2

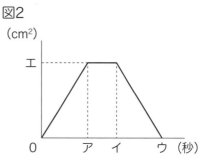

B 右の図1のような台形ABCDの辺上を点
Pは頂点Aを出発して頂点B，Cを通り頂点
Dまで一定の速さで動きます。図2のグラ
フは，点Pが出発してからの時間と三角形
APDの面積を表したものです。

　このとき，次の問いに答えなさい。

(1)　点Pの速さは毎秒何cmですか。

(2)　図2のグラフのア，イ，ウにあてはまる
　数をそれぞれ求めなさい。

(3)　図1の辺BCの長さは何cmですか。

(4)　三角形APDの面積が24cm²になるのは
　点Pが出発してから何秒後と何秒後ですか。

図1

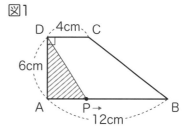

図2

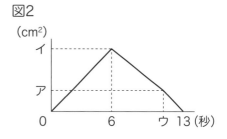

右の図1のようなたて12cm，横18cmの長方形ABCDがあります。辺BC上に点Eがあり，BEの長さは10cmです。この長方形の周上を点Pと点Qは頂点Aを同時に出発し，点PはBを通ってEまで，点Qは辺AD上をDまで進み，それぞれ点E，Dに着いたところで止まります。点P，Qの速さはどちらも秒速2cmです。

右の図2のグラフは，点P，Qが出発してから点Pが止まるまでの時間と四角形APCQの面積の関係を表したものです。このとき，図2のグラフのア，イ，ウ，エ，オにあてはまる数を求めなさい。

図1

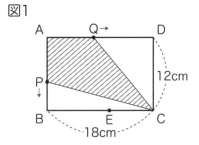

図2

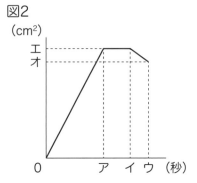

解説　　点PがBに着くのは，点P，Qが同時に出発してから，12÷2＝6（秒後）で，Eに着くのは，（12＋10）÷2＝11（秒後）です。

また，点QがDに着くのは，点P，Qが同時に出発してから，18÷2＝9（秒後）です。したがって，四角形APCQの面積を表すグラフは，点P，Qが出発してから6秒後，9秒後に変化し，11秒後までとなります。

よって，グラフのアは<u>6</u>，イは<u>9</u>，ウは<u>11</u>であることがわかります。

また，エは点P，Qが同時に出発してから6秒後の面積なので，右の図より，
（12＋18）×12÷2＝<u>180</u>（cm²）

オは11秒後の面積なので，右の図より，
（18＋8）×12÷2＝<u>156</u>（cm²）

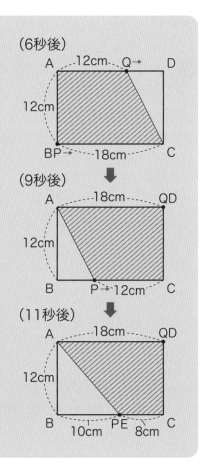

A 右の図1のようなたて18cm，横24cmの長方形ABCDがあります。辺BC上に点Eがあり，BEの長さは12cmです。この長方形の周上を点Pと点Qは頂点Aを同時に出発し，点Pは秒速2cmでBを通ってEまで，点Qは辺AD上を秒速3cmでDまで動き，それぞれ点E，Dに着いたところで止まります。

右の図2のグラフは，点P，Qが出発してから点Pが止まるまでの時間と四角形APCQの面積の関係を表したものです。グラフのアで四角形APCDの面積の増え方に変化があります。このとき，図2のグラフのア，イ，ウ，エ，オ，カにあてはまる数を求めなさい。

図1
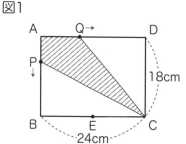

図2
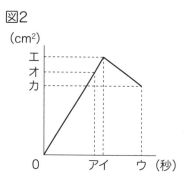

B 右の図1のような角B，角Dが90°の四角形ABCDがあります。この四角形の周上を点Pと点Qは頂点Aを同時に出発し，点Pは辺AB上をBまで，点Qは辺AD上をDまで動き，それぞれ点B，点Dに着いたら止まります。点P，Qが動く速さはどちらも秒速1cmです。

右の図2のグラフは，点P，Qが出発してから点Pが止まるまでの時間と四角形APCQの面積の関係を表したものです。このとき，図2のグラフのア，イ，ウ，エにあてはまる数を求めなさい。

図1
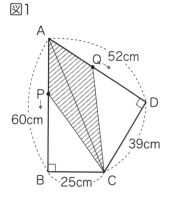

図2
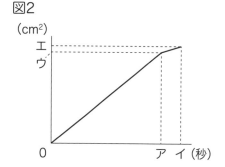

右の図1のような直線PQ上に，正方形A
とたて4cmの長方形Bがあります。長方形
Bは図1の位置から矢印の方向に，秒速
2cmで動きます。右の図2は，長方形Bが
動き出してからの時間と，A，Bが重なる
部分の面積との関係を表したものです。
　このとき，次の問いに答えなさい。

(1)　長方形Bの横の長さは何cmですか。

(2)　正方形Aの一辺の長さは何cmですか。

(3)　図2のグラフのア，イにあてはまる数
　　を求めなさい。

図1

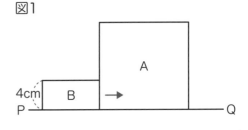

図2

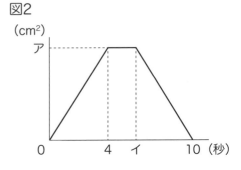

解説　(1)　グラフより，Bが動き出
　　　　　　してから4秒後からイまで
　の間，右の図のようにBはAの中に完
　全に入っていることがわかります。
　　Bの横の長さは先頭部分が4秒で進
　んだ長さになるので，2×4＝<u>8(cm)</u>

(2)　10秒後にBの先頭部分が進んだ長
　さは，2×10＝20(cm)
　　ここからBの横の長さをひいて，
　20−8＝<u>12(cm)</u>

(3)　アは長方形Bの面積と等しい。よっ
　て，アにあてはまる数は，4×8＝<u>32</u>
　(cm²)
　　イはBの先頭がAの1辺12cmを進む
　時間を表しているので，12÷2＝<u>6</u>(秒)

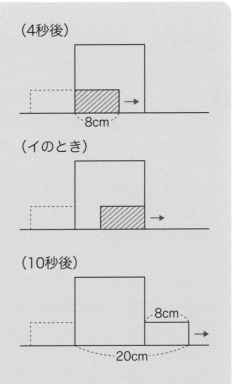

Ⓐ 右の図1のように，直線ℓ上に2つの正方形
A，Bがあります。図1の位置から正方形Bだけ
が直線ℓ上を矢印の方向に毎秒2cmの速さで
進みます。右の図2は，正方形Bが動き出して
からの時間と，A，Bが重なる部分の面積との
関係を表したものです。
　このとき，次の問いに答えなさい。

(1)　正方形A，Bの一辺の長さはそれぞれ何cmで
すか。

(2)　図2のグラフのア，イにあてはまる数を求め
なさい。

図1

A

B →

ℓ

図2

（cm²）

イ

0　　2　　5　　ア（秒）

5

点や図形の移動とグラフ

Ⓑ 右の図1のように，直線ℓ上に2つの長
方形A，Bがあります。図1の位置から長
方形Bだけが直線ℓ上を矢印の方向に一定
の速さで進みます。右の図2は，長方形B
が動き出してからの時間と，A，Bが重な
る部分の面積との関係を表したものです。
　このとき，次の問いに答えなさい。

(1)　図1のアの長さを求めなさい。

(2)　長方形Bの速さを秒速で求めなさい。

(3)　図1のイの長さを求めなさい。

(4)　長方形A，Bが重なる部分の面積が36cm²になるのは，長方形Bが動き出してか
ら何秒後と何秒後ですか。

図1

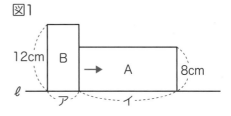

12cm　B　→　A　8cm

ℓ　　ア　　　　イ

図2

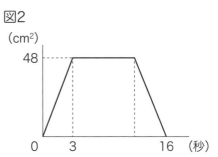

（cm²）

48

0　　3　　　　16　（秒）

右の図1のような直線PQ上に，長方形を組み合わせた形の図形Aと長方形Bがあります。図1の位置から図形Aは矢印の方向に毎秒1.5cmの速さで移動します。

図2のグラフは，図形Aが移動し始めてからの時間と，図形Aと長方形Bが重なる部分の面積との関係を表したものです。

このとき，次の問いに答えなさい。ただし，長方形Bの横の長さは12cmより長いものとします。

図1

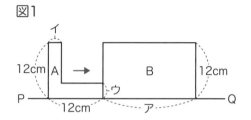

(1) 図1のア，イ，ウにあてはまる長さをそれぞれ求めなさい。

(2) 図形Aと長方形Bが重なる部分の面積が2度目に45cm²になるのは，図形Aが移動し始めてから何秒後ですか。

図2

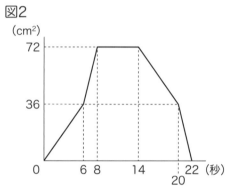

(1) 図形Aは右の図のように移動します。図1のアは図形Aの先頭部分が14秒で動く長さなので，1.5×14＝<u>21(cm)</u>
イは図形Aが6秒後から8秒後までの2秒間で動く長さで，1.5×2＝<u>3(cm)</u> ウは6秒後に重なっている長方形のたての長さです。この長方形の面積はグラフから36cm²とわかります。横の長さは，12－3＝9(cm)なので，たての長さウは，36÷9＝<u>4(cm)</u>

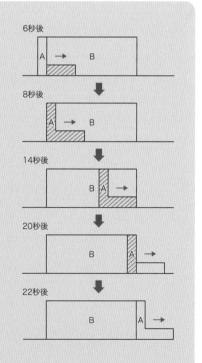

(2) グラフから，重なる面積が2度目に45cm²になるのは，14秒後から20秒後の間であることがわかります。このとき，重なる部分の面積が1秒間に何cm²ずつ減るか求めると，(72－36)÷(20－14)＝6(cm²) 45cm²になるのは，14秒後の，(72－45)÷6＝4.5(秒後)
よって，14＋4.5＝<u>18.5(秒後)</u>

　右の図1のような直線PQ上に，長方形を組み合わせた形の図形Aと長方形Bがあります。図1の位置から図形Aは矢印の方向に毎秒2cmの速さで移動します。

　図2のグラフは，図形Aが移動し始めてからの時間と，図形Aと長方形Bが重なる部分の面積との関係を表したものです。

　このとき，次の問いに答えなさい。

図1

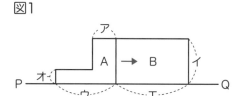

図2

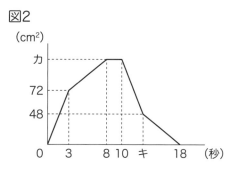

(1)　図1のア〜オにあてはまる長さをそれぞれ求めなさい。

(2)　図2のカ，キにあてはまる数をそれぞれ求めなさい。

(3)　図形Aと長方形Bが重なる部分の面積が2度目に24cm²になるのは，図形Aが移動し始めてから何秒後ですか。

(4)　図形Aと長方形Bが重なる部分の面積が96cm²になるのは，図形Aが移動し始めてから何秒後と何秒後ですか。

❶　点Pは下の図1の点Aを出発し，三角形ABCの辺上を点Bを通って点Cまで動きます。図2のグラフは点Pが動いた長さと三角形PCAの面積との関係を表したものです。

　　このとき，あとの問いに答えなさい。

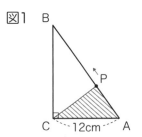

⑴　図2のグラフのアにあてはまる数を求めなさい。

⑵　三角形PCAの面積が72cm²になるのは点Pが何cm動いたときですか。すべて求めなさい。

❷　下の図1のような正方形アとイがあります。正方形アを固定して正方形イを図の位置から矢印の方向に動かしました。図2のグラフは，正方形イを動かし始めてからの時間と正方形アのうち正方形イと重なっていない部分の面積との関係を表したものです。

　　このとき，あとの問いに答えなさい。

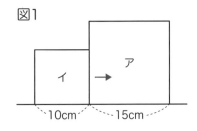
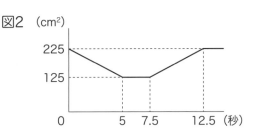

⑴　正方形イを秒速何cmで動かしましたか。

⑵　正方形イを動かし始めてから9.5秒後，正方形アのうち正方形イと重なっていない部分の面積は何cm²ですか。

③ 下の図1のような台形ABCDがあります。点Pは点Aを出発し，毎秒2cmの速さで矢印の方向に台形ABCDの辺上を点Bまで進みます。図2のグラフは点Pが出発してからの時間と三角形PABの面積との関係を表したものです。このとき，あとの問いに答えなさい。

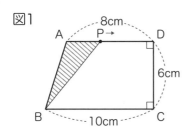
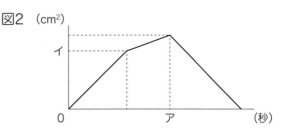

(1) グラフのア，イにあてはまる数をそれぞれ求めなさい。

(2) 三角形PABの面積が18cm²になるのは点Pが出発してから何秒後と何秒後ですか。

④ 下の図1のように，図形Aと長方形Bが並んでいます。この位置から図形Aを毎秒2cmの速さで矢印の方向に動かします。図2のグラフは，図形Aを動かし始めてからの時間と2つの図形A，Bが重なる部分の面積との関係を表したものです。このとき，あとの問いに答えなさい。

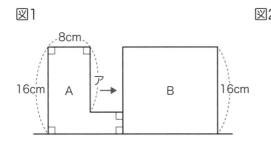
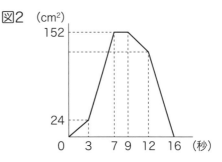

(1) 長方形Bの横の長さを求めなさい。

(2) アの長さを求めなさい。

(3) 図形Aを動かし始めてから11秒後に2つの図形A，Bが重なる部分の面積を求めなさい。

練習問題 発展編

1 一定の速さで走っている列車があります。ある日，この列車をトンネルに入る前から出た後まで観察しました。次のグラフは，そのときの時間の経過と見えた列車の長さを表したものです。

これを見て，あとの問いに答えなさい。

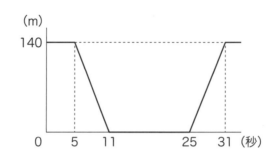

(1) この列車は時速何kmで走っていますか。

(2) トンネルの長さは何mですか。

2 下の図1の図形A，Bはどちらも長方形を組み合わせてつくった図形です。図1の位置から図形Bだけを直線ℓに沿って矢印の方向に動かすと，図形Aと図形Bが重なり始めてからの時間と重なる部分の面積との関係は図2のグラフのようになります。

このとき，図1のア，イの長さを求めなさい。

図1
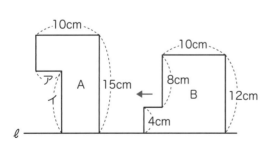

図2
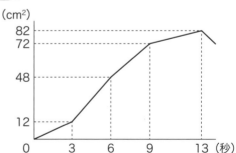

70

3 下の図1のような長方形ABCDの辺上を一定の速さで動く点P，Q，Rがあります。点Pは頂点Aを出発し，辺AD上を往復します。点Rは点Pと同じ速さで点Cを出発し，辺BC上を往復します。点Qは点P，Rより速い速度で点Bを出発し，辺BC上を往復します。図2は，点P，Q，Rが同時に出発したとき，出発してからの時間と三角形PQRの面積との関係を表したグラフです。

これを見て，あとの問いに答えなさい。

図1
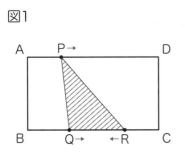

図2 （cm²）
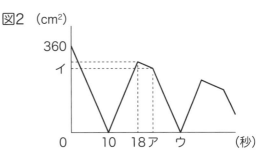

(1) 点Qと点Rの速さの比を求めなさい。

(2) 図2のグラフのア，イ，ウにあてはまる数を求めなさい。

(3) 三角形PQRがはじめて角Rが90°の直角三角形になるのは3点P，Q，Rが出発してから何秒後ですか。また，そのときの三角形PQRの面積は何cm²ですか。

(4) 三角形PQRがはじめて角Qが90°の直角三角形になるのは3点P，Q，Rが出発してから何秒後ですか。また，そのときの三角形PQRの面積は何cm²ですか。

【速さとグラフ】基本テクニックのまとめ

❶ 拡大図・縮図（相似な図形）の利用

次のパターン①，パターン②の形を覚えましょう！

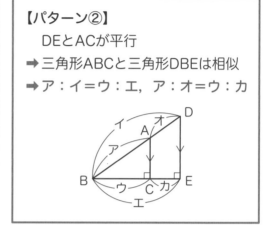

【パターン①】

ACとDEが平行
➡ 三角形ABCと三角形EBDは相似
➡ ア：イ＝ウ：エ

【パターン②】

DEとACが平行
➡ 三角形ABCと三角形DBEは相似
➡ ア：イ＝ウ：エ，ア：オ＝ウ：カ

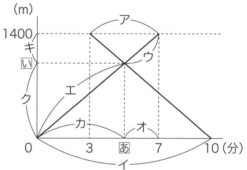

(例) 右のグラフで，ア：イ＝ウ：エ＝
オ：カ＝キ：ク になります。

ア：イ＝（7－3）：10＝2：5なので，

$$あ＝7×\frac{5}{2+5}＝5（分）$$

$$い＝1400×\frac{5}{2+5}＝1000（m）$$

❷ 同じ道のりを進むとき，速さの比とかかる時間の比は逆（逆比）になります。

たとえば，700mの道のりを分速70mで進む場合，かかる時間は10分。同じ700mを分速100mで進む場合，かかる時間は7分です。分速70mと分速100mの比は7：10，かかる時間の比は10：7となり，速さの比の逆比になります。等しい道のりを進むとき、速さとかかる時間が反比例の関係になるためです。

(例) 右のグラフで，ア：イは速さの比の逆比になるため，70：90＝7：9になります。

4分が比の，9－7＝2にあたるので，

あ＝4÷2×7＝14（分）
い＝90×14＝1260（m）

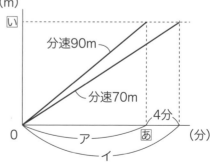

第 **2** 章

水量とグラフ

1　底面積が一定の問題
2　段差やしきりなどがある問題

1 底面積が一定の問題

例題1

右の図1のような直方体の形をした水そうが
あります。この水そうに上から水を入れ始めま
したが，とちゅうから入れる水の量を増やしま
した。図2は，水を入れ始めてからの時間と水
そう内の水の深さとの関係を表したグラフです。
このとき，次の問いに答えなさい。

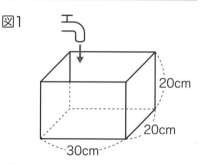

図1

(1) はじめの5分間は毎分何Lずつ水を入れて
いましたか。

(2) 水を入れ始めてから5分後からは，1分間
に入れる水を何L増やしましたか。

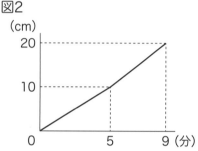

図2

解説

ポイント 1L＝1000cm³です。ほかに次の体積の単位の換算はできる
ようにしておきましょう。

1m³＝1kL＝1000L＝1000000cm³	1L＝10dL＝1000cm³
1dL＝100cm³	1cm³＝1mL

(1) グラフから5分間で10cmの深さまで水が入ったことがわかります。
このとき，水そうに入っている水の量は，30×20×10＝6000（cm³）
よって，1分間に入れていた水の量は，6000÷5＝1200（cm³）
1L＝1000cm³なので，1200cm³は<u>1.2L</u>です。

(2) 水を入れ始めて5分後から9分後までの4分間で水の深さは10cm増えてい
るので，この4分間に入った水の量ははじめの5分間と同じ6000cm³です。
したがって，1分間に入れた水の量は，6000÷4＝1500（cm³）
これはLの単位で表すと1.5Lになります。
よって，増やした水の量は，1.5－1.2＝<u>0.3（L）</u>

Ⓐ 右の図1のような直方体の形をした水そう
があります。この水そうに上から水を入れ始
めましたが，とちゅうから入れる水の量を増
やしました。右の図2は，水を入れ始めてか
らの時間と水そう内の水の深さの関係を表し
たグラフです。
　このとき，次の問いに答えなさい。

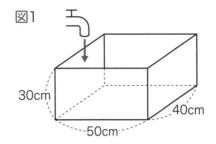

図1

30cm
50cm
40cm

(1) はじめの16分間は毎分何Lずつ水を入れて
いましたか。

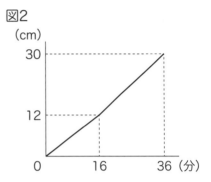

図2
(cm)
30
12
0   16   36 (分)

(2) 水を入れ始めて16分後からは，1分間に入
れる水を何L増やしましたか。

Ⓑ 右の図1のような直方体の形をした水そうがあ
ります。この水そうを満水にしたあと，水そうの
下についている排水管を開いて水を抜き始めまし
たが，とちゅうから抜く水の量を増やしました。
右の図2は，水を抜き始めてからの時間と水そう
内の水の深さの関係を表したグラフです。
　このとき，次の問いに答えなさい。

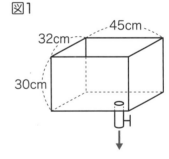

図1

45cm
32cm
30cm

(1) はじめの14.4分間は毎分何Lずつ水を抜いてい
ましたか。

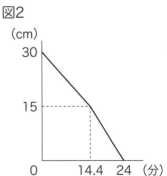

図2
(cm)
30
15
0   14.4   24 (分)

(2) 水を入れ始めて14.4分後からは，1分間に抜く
水を何L増やしましたか。

右の図1のような直方体の形をした水そうがあります。この水そうに，はじめは毎分2.4Lの水を入れていましたが，とちゅうから毎分1.6Lに入れる量を変えました。図2は，この水そうに水を入れ始めてから満水になるまでの時間と水の深さとの関係を表したグラフです。

このとき，次の問いに答えなさい。

図1

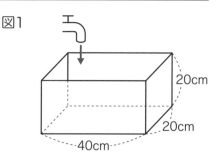

20cm
20cm
40cm

(1) 図2のア，イにあてはまる数をそれぞれ求めなさい。

(2) 水の深さが15cmになるのは水を入れ始めてから何分後ですか。

図2

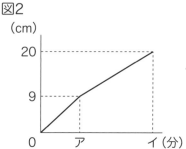

(cm)
20
9
0   ア   イ (分)

解説

(1) 2.4L＝2400cm³，1.6L＝1600cm³です。

水の深さが9cmになったとき，入っている水の体積は，40×20×9＝7200(cm³) よって，アは，7200÷2400＝3(分) 3分後から満水になるまでに入った水の体積は，40×20×(20－9)＝8800(cm³) よって，3分後から満水になるまでにかかる時間は，8800÷1600＝5.5(分)

したがって，イは，3＋5.5＝8.5(分)

(2) 水を入れ始めて3分後から8.5分後までの5.5分で，水の深さは9cmから20cmまで11cm増えている。この間，1分間に増える水の深さは，11÷5.5＝2(cm) よって，水の深さが9cmから15cmになるまでにかかる時間は，(15－9)÷2＝3(分) したがって，3＋3＝6(分後)

別解1 水の深さが9cmになってから15cmになるまでに入る水の量は，40×20×(15－9)＝4800(cm³) これを入れるのにかかる時間は，4800÷1600＝3(分) よって，水を入れ始めてから，3＋3＝6(分後)

別解2 右のグラフで，ウ：エ＝オ：カになります。ウ：エ＝6：5なので，オ：カ＝6：5 ここで，オとカの和は5.5分だから，オ＝5.5÷(6＋5)×6＝3(分) よって，深さが15cmになるまでにかかる時間は，3＋3＝6(分後)

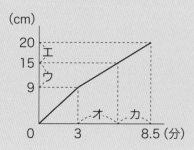

(cm)
20
15
9
エ
ウ
0   3   オ カ 8.5 (分)

🅰 右の図1のような直方体の形をした水そうが
あります。この水そうに，はじめは毎分2.1L
の水を入れていましたが，とちゅうから毎分
3.6Lに入れる量を変えました。図2は，この水
そうに水を入れ始めてから満水になるまでの時
間と水の深さとの関係を表したグラフです。
このとき，次の問いに答えなさい。

(1) 図2のア，イにあてはまる数をそれぞれ求め
なさい。

(2) 水の深さが20cmになるのは水を入れ始めて
から何分後ですか。

図1

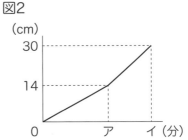

図2

🅱 右の図1のような直方体の形をした水そうが
あります。この水そうを満水にしたあと，水そ
うの下についている排水管から水を抜き始めま
した。はじめは毎分1.5Lの水を抜いていまし
たが，とちゅうから毎分2.4Lに抜く量を変え
ました。図2は，水を抜き始めてからの時間と
水そう内の水の深さとの関係を表したグラフで
す。
このとき，次の問いに答えなさい。

(1) 図2のア，イにあてはまる数をそれぞれ求め
なさい。

(2) 水の深さが4cmになるのは水を抜き始めて
から何分後ですか。

図1

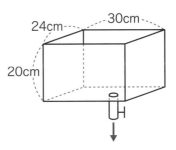

図2

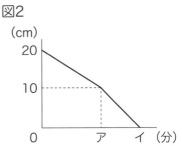

右の図1のような直方体の形をした水そうがあります。この水そうに，水を入れる管A，Bがついています。A管からは毎分6L，B管からは毎分12Lの水が入ります。この水そうにA管だけを開いて水を入れ始めましたが，とちゅうでA管を閉めると同時にB管を開き，その後はB管だけで満水になるまで水を入れました。右の図2はA管で水を入れ始めてからの時間と水の深さとの関係を表したグラフです。

このとき，次の問いに答えなさい。

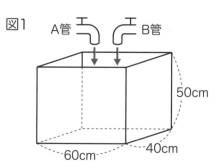

図1

(1) A管だけで水を入れるとき，容器内の水の深さは毎分何cmずつ高くなりますか。

(2) B管だけで水を入れるとき，容器内の水の深さは毎分何cmずつ高くなりますか。

(3) 図2のグラフのア，イにあてはまる数をそれぞれ求めなさい。

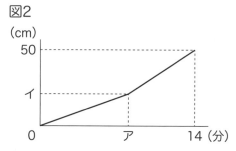

図2

解説　(1) 水そうの底面積は，60×40＝2400（cm²）です。A管から1分間に入る水の量は，6L＝6000cm³なので，1分間に増える深さは，6000÷2400＝<u>2.5（cm）</u>

(2) B管から1分間に入る水の量は，A管の2倍なので，2.5×2＝<u>5（cm）</u>

(3) ずっとA管だけで水を入れたとすると14分で水の深さは，2.5×14＝35（cm）になります。B管に変えるとA管だけで水を入れたときより毎分，5－2.5＝2.5（cm）高くなるので，B管だけで水を入れた時間は，（50－35）÷2.5＝6（分）です。 したがって，図2のグラフのアにあてはまる時間は，14－6＝<u>8</u>（分），イにあてはまる水の深さは，A管で8分間入れたときの深さなので，2.5×8＝<u>20</u>（cm）

参考 上の(3)の解き方はつるかめ算の考え方（P.134～P.135参照）に通じます。14分全部B管だけで水を入れたとしても解くことができます。

Ⓐ 右の図1のような直方体の形をした水そうがあります。この水そうに，水を入れる管A，Bがついています。A管からは毎分4L，B管からは毎分5Lの水が入ります。この水そうにA管だけを開いて水を入れ始めましたが，とちゅうからB管も開いてA管とB管の両方で満水にしました。右の図2はA管で水を入れ始めてからの時間と水の深さとの関係を表したグラフです。

このとき，次の問いに答えなさい。

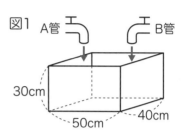

⑴　A管だけで水を入れるとき，容器内の水の深さは毎分何cmずつ高くなりますか。

⑵　B管だけで水を入れるとき，容器内の水の深さは毎分何cmずつ高くなりますか。

⑶　図2のグラフのア，イにあてはまる数をそれぞれ求めなさい。

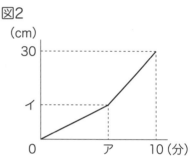

Ⓑ 右の図1のような直方体の形をした水そうがあります。この水そうに，水を入れる管A，Bがついています。A管からは毎分6L，B管からは毎分3.6Lの水が入ります。この水そうにA管だけで水を入れ始めましたが，とちゅうでA管を閉じ，同時にB管を開いてB管だけで満水になるまで水を入れました。右の図2はA管で水を入れ始めてからの時間と水の深さとの関係を表したグラフです。

このとき，次の問いに答えなさい。

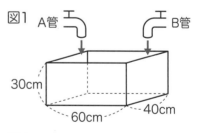

⑴　A管だけで水を入れるとき，容器内の水の深さは毎分何cmずつ高くなりますか。

⑵　B管だけで水を入れるとき，容器内の水の深さは毎分何cmずつ高くなりますか。

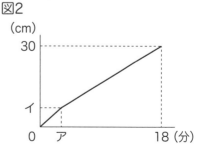

⑶　図2のグラフのア，イにあてはまる数をそれぞれ求めなさい。

例題4

右の図1のような直方体の形をした水そうがあります。この水そうには水を入れるA管と水を排出するB管がついています。A管を開くと毎分1.2Lの水が入り，B管を開くと毎分一定の水が排出されます。あるとき，この水そうにA管を開いて水を入れ始めましたが，とちゅうでB管も開いていることに気づきました。そこで，B管を閉じて満水にしました。右の図2はA管で水を入れ始めてからの時間と水面の高さとの関係を表したグラフです。

このとき，次の問いに答えなさい。

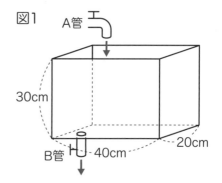

図1 A管

30cm

B管 40cm 20cm

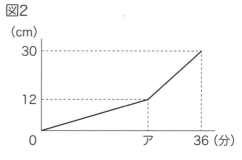

図2
(cm)

30

12

0 ア 36 (分)

(1) 図2のグラフのアにあてはまる数を求めなさい。

(2) B管からは毎分何Lの水が排出されていましたか。

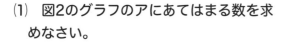

解説　(1)　A管から1分間に入る水は，1.2L＝1200cm³　図2のグラフから，B管を閉じたのは水の深さが12cmになったときであることがわかります。水そう内の水の深さが12cmのときから満水になるまでに入った水の体積は，20×40×(30−12)＝14400(cm³)　したがって，A管だけを使っていた時間は，14400÷1200＝12(分)　よって，ア＝36−12＝<u>24</u>

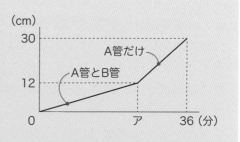

(cm)
30
A管だけ
12 A管とB管
0 ア 36 (分)

(2)　水を入れ始めてから24分後，水そう内に入っている水の量は，20×40×12＝9600(cm³)　よって，A管とB管を同時に使うとき，水そう内には1分間に，9600÷24＝400(cm³)の水がたまることになります。A管からは1分間に1200cm³の水が入るので，B管から排出されていた水は毎分，1200−400＝800(cm³)　よって，800cm³＝<u>0.8L</u>になります。

A 右の図1のような直方体の形をした水そう
があります。この水そうには水を入れるA管
と水を排出するB管がついています。A管を
開くと毎分4.8Lの水が入り，B管を開くと毎
分一定の水が排出されます。あるとき，この
水そうにA管を開いて水を入れ始めました
が，とちゅうでB管も開いていることに気づ
きました。そこで，B管を閉じて満水にしま
した。右の図2はA管で水を入れ始めてから
の時間と水面の高さとの関係を表したグラフ
です。

　このとき，次の問いに答えなさい。

(1)　図2のグラフのアにあてはまる数を求めな
さい。

(2)　B管からは毎分何Lの水が排出されますか。

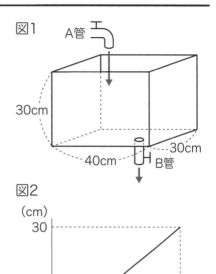

図1

図2

B 右の図1のような直方体の形をした水そう
があります。この水そうにA管から毎分一定
の量の水を入れ始めましたが，とちゅうで容
器に穴が開いて水がもれていることがわかっ
たので，水を入れたまま穴をふさぎました。
　右の図2はA管で水を入れ始めてからの時
間と水面の高さとの関係を表したグラフです。
　このとき，次の問いに答えなさい。

(1)　A管からは毎分何Lの水が入っていました
か。

(2)　穴からは毎分何Lの水が出ていましたか。

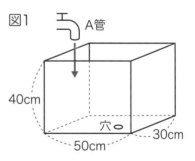

図1

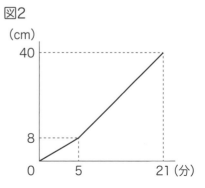

図2

右の図1のような直方体の形をした水そうが
あり，水を入れるA管，B管がついています。
この水そうにA管だけで水を入れ始めました
が，なかなか水がたまらないので，とちゅうで
B管も開きました。また，水を入れ始めてから
63分後には水そうに穴が開いていることがわ
かったため，すぐに穴をふさいだところ，水を
入れ始めて84分で満水にすることができまし
た。図2はそのときの水を入れ始めてからの時
間と水の深さとの関係を表したものです。

このとき，次の問いに答えなさい。

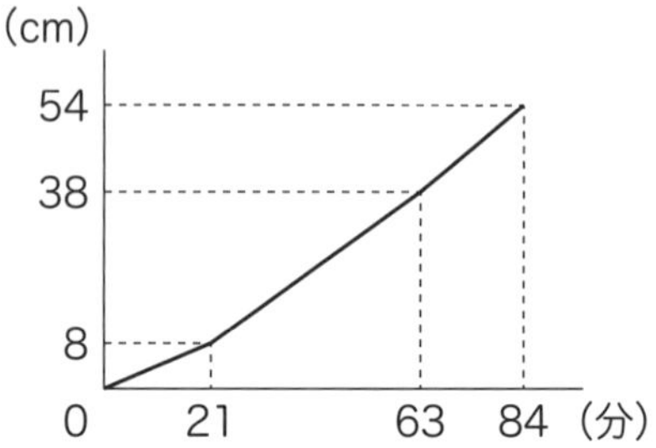

(1) 穴からは毎分何cm³の水が出ていましたか。

図1

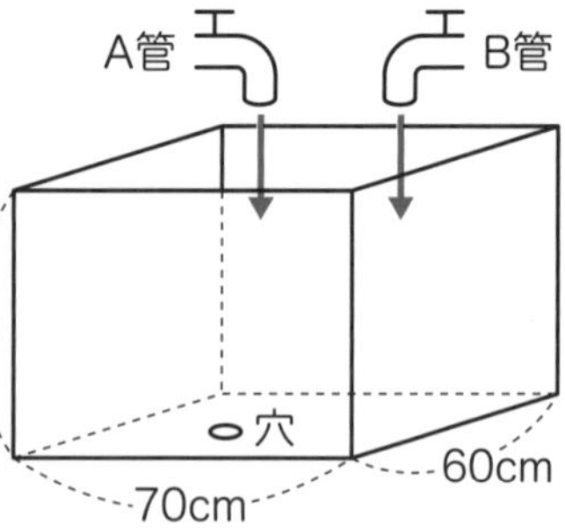

A管　　　B管

54cm

70cm　　60cm
穴

図2
(cm)

54
38

8

0　　21　　　63　84 (分)

(2) A管，B管からはそれぞれ毎分何Lの水が入りますか。

解　説

(1) 水を入れ始めて63分後から84
分後までの21分間に水そう内に
たまった水の量は，70×60×(54−38)＝
67200(cm³)になります。よって，A管とB
管から1分間に入る水の量の和は，67200÷
21＝3200(cm³)　また，水を入れ始めて21
分後から63分後までの42分間に水そう内にたまった水の量は，70×60×
(38−8)＝126000(cm³)になります。　よって，1分間に水そう内にたまっ
た水の量は，126000÷42＝3000(cm³)　これより，穴からは毎分，
3200−3000＝200(cm³)の水が出ていたことがわかります。

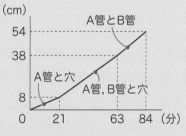

(2) 水を入れ始めてから21分間で水そう内にたまった水は，70×60×8＝
33600(cm³)　よって，毎分，33600÷21＝1600(cm³)の水がたまってい
たことになります。穴からは毎分200cm³の水が出ていたので，A管から入
れていた水は毎分，1600＋200＝1800(cm³)　つまり1.8Lとわかりま
す。また，A管とB管から1分間に入る水の量の和は3200cm³　つまり3.2L
だったので，B管から入る水の量は毎分，3.2−1.8＝1.4(L)

Ⓐ 右の図1のような直方体の形をした水そう
があり，水を入れるA管，B管がついていま
す。この水そうにA管から毎分3Lの水を入
れ始めましたが，なかなか水がたまらないの
で調べたところ，水そうに穴が開いているこ
とがわかりました。そこですぐに穴をふさ
ぎ，同時にB管を開きました。右の図2のグ
ラフは，A管で水を入れ始めてからの時間と
水の深さとの関係を表したものです。
　このとき，次の問いに答えなさい。

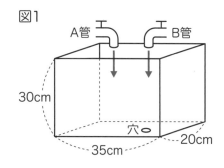

図1

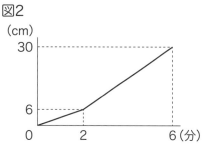

図2

(1) 穴からは毎分何cm³の水が出ていましたか。

(2) B管からは毎分何Lの水が入っていました
か。

Ⓑ 右の図1のような直方体の形をした水そ
うがあり，水を入れるA管，B管がついて
います。この水そうにA管だけで水を入れ
始めましたが，なかなか水がたまらないの
で，とちゅうでB管も開きました。その
後，水を入れ始めてから8.8分後には水そ
うに穴が開いていることがわかったため，
すぐに穴をふさぎました。右の図2のグラ
フは，A管で水を入れ始めてからの時間と
水の深さとの関係を表したものです。
　このとき，次の問いに答えなさい。

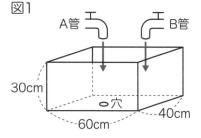

図1

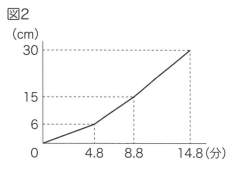

図2

(1) 穴からは毎分何cm³の水が出ていました
か。

(2) A管，B管からはそれぞれ毎分何Lの水
が入っていましたか。

答えは別冊24ページ

1 60Lの水が入るからの水そうに，毎分5Lの割合で水を入れ始めました。とちゅうで穴から水がもれていたことに気づいたので，急いで穴をふさいだところ，水を入れ始めてから14分後に満水になりました。

右のグラフは，水を入れ始めてからの時間と水そう内の水の量を表したものです。

このとき，次の問いに答えなさい。

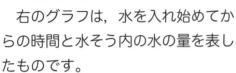

(1) グラフのアにあてはまる数を求めなさい。

(2) 穴からは毎分何Lの水が出ていましたか。

2 右の図1のような直方体の形をした水そうがあります。水そうにはそれぞれ一定の割合で水を入れるA管とB管があります。ある日，このからの水そうに2つの管から同時に水を入れ始めましたが，途中でA管を閉じ，残りはB管だけで水を入れました。図2はそのときの水を入れ始めてからの時間と水面の高さとの関係を表したグラフです。

このとき，次の問いに答えなさい。

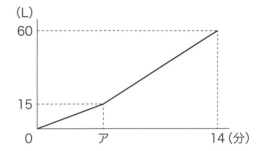

図1

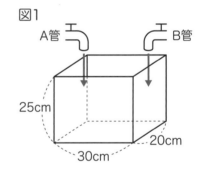

図2

(1) A管とB管からはそれぞれ毎分何Lの水を入れていましたか。

(2) 水面の高さが22cmになったのは，水を入れ始めてから何分後でしたか。

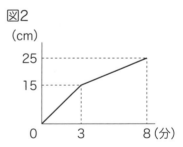

❸ 底面積が1200cm²である同じ
大きさの直方体の形をした容器
A，Bがあります。5cmの深さで
水が入っている容器Aに毎分一定
の割合で水を入れ，とちゅうで水
を入れながら排水管も開いて水を
出し始めました。右のグラフは容
器Aに水を入れ始めてからの時間
と容器A内の水の深さとの関係を
表したものです。
　このとき，次の問いに答えなさい。

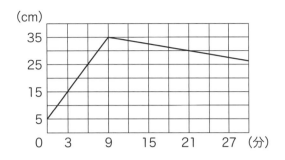

(1)　容器Aに毎分何Lの水を入れていますか。

(2)　容器Aの排水管からは毎分何Lの水が出ていきますか。

(3)　容器Aに水を入れ始めてから12分後に容器Aに入れる水と同じ割合で，か
らの容器Bに水を入れ始めます。容器Aと容器Bの水の深さが等しくなるの
は，容器Bに水を入れ始めてから何分後ですか。

❹ 100Lの水が入るからの水そうにA，B，
Cの3本の給水管を使って水を入れ始めま
したが，途中でA管を閉じ，しばらくして
B管も閉じてC管だけで水を入れました。
右のグラフは水を入れ始めてからの時間と
水そうにたまった水の量を表したものです。
　このとき，次の問いに答えなさい。

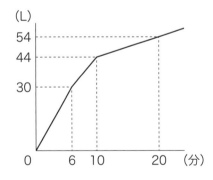

(1)　A，B，C管からはそれぞれ毎分何Lの水が入りますか。

(2)　水を入れ始めてから30分後にC管を閉じ，同時にA管とB管を開いて水を
入れました。この水そうが満水になるのは水を入れ始めてから何分後ですか。

1 直方体の形をした同じ大きさの容器A，Bがあり，それぞれ別な給水管から満水になるまで一定の割合で水を入れます。Aには，はじめに6cmの深さで水が入っていますが，Bは，からの状態から水を入れ始めます。まず，A，Bに同時に水を入れ始め，とちゅうでAの給水管だけしばらくの間閉じました。右のグラフは，水を入れ始めてからAが満水になるまでの時間とAの水の深さからBの水の深さを引い

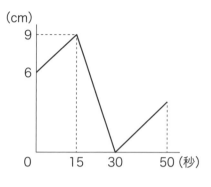

たものとの関係を表したものです。このとき，次の問いに答えなさい。

(1) 容器Aの水の深さは給水中毎秒何cmずつ増えますか。

(2) 容器Bが満水になるのは水を入れ始めてから何秒後ですか。

2 同じ高さの直方体の水そうA，Bがあり，Bの底面積はAの底面積の2倍です。それぞれの水そうには毎分8Lの水を入れる給水管と毎分2Lの水を出す排水管がついています。どちらの水そうにもからの状態から同時に給水管で水を入れ，満水になると給水管を閉

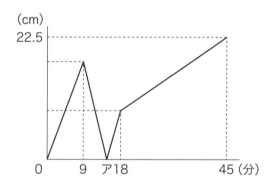

じて排水管を開きます。右上のグラフは水を入れ始めてから水そうAが再びからになるまでの時間と，水そうAと水そうBの水面の高さの差を表したものです。このとき，次の問いに答えなさい。

(1) 水そうA，Bの容積はそれぞれ何Lですか。

(2) グラフのアにあてはまる数を求めなさい。

(3) 水そうAの高さは何cmですか。

3 右の図1のような直方体の形の水そうがあります。この水そうの中に、図2のような直方体の形をした鉄のおもりを水そうの底に置いて、毎分500cm³の割合で満水になるまで水を入れます。図3は、おもりの底につける面をA，B，Cにしたときに、水を入れ始めてからの時間と水面の高さとの関係を1つ

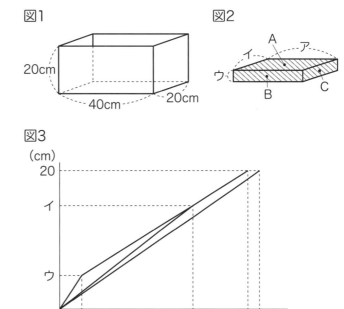

図1

図2

図3

のグラフに表したものです。おもりのAとBを水そうの底につけたときにはともに27.5分で満水になりました。図2のおもりの辺の長さはアがいちばん長く、ウがいちばん短くなっています。

　このとき、次の問いに答えなさい。

(1)　おもりの体積は何cm³ですか。

(2)　おもりのいちばん長い辺アは何cmですか。

(3)　図3のグラフの㋑と㋓の差は16分で、おもりの辺の長さの和は200cmです。おもりの辺イ、ウの長さをそれぞれ求めなさい。

(4)　(3)のとき、図3のグラフの㋐，㋑にあてはまる数を答えなさい。

2 段差やしきりなどがある問題

　右の図1のような直方体の容器の中に高さ18cmの直方体の段がついています。この中に上から毎分1.8Lの割合で，満水になるまで水を入れます。

　右の図2はこの容器に水を入れ始めてからの時間と容器のいちばん底から水面までの高さの関係を表したものです。

　このとき，次の問いに答えなさい。

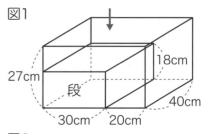

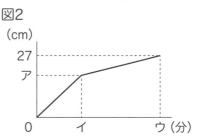

(1) 図2のグラフのア，イ，ウにあてはまる数を求めなさい。

(2) 容器のいちばん底から水面までの高さが18cmになってから22.5cmになるまで何分かかりますか。

解説　(1)　右の図はこの容器を正面から見たものです。容器に入れた水はまず図のAの部分に入ります。Aの部分がいっぱいになったら次にBの部分に水が入りますが，このとき底面積が大きくなるので，水面の高さの上がり方はAの部分に入っていたときよりも遅くなります。これより，図2のグラフのアは18cmとわかります。また，上の図のAの部分の体積は，40×20×18＝14400cm³，1.8L＝1800cm³なので，イは，14400÷1800＝8（分）です。また，Bの部分がいっぱいになるのにかかる時間は，40×(30＋20)×(27－18)÷1800＝18000÷1800＝10（分）なので，ウは，8＋10＝18（分）

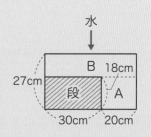

(2)　右のグラフより，8分後から18分後までの10分間に水面の高さは，27－18＝9(cm)増えているから，この間，この水面の高さは毎分，9÷10＝0.9(cm)ずつ増えます。よって，18cmから22.5cmになるまでにかかる時間は，(22.5－18)÷0.9＝5（分）です。

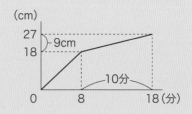

A 右の図1のように，直方体の容器の中に高さ12cmの直方体の段をつけ，容器の上から毎分1.5Lの割合で満水になるまで水を入れます。

図2はこの容器に水を入れ始めてからの時間と容器のいちばん底から水面までの高さの関係を表したものです。

このとき，次の問いに答えなさい。

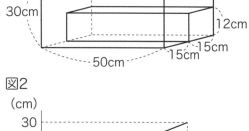

図1

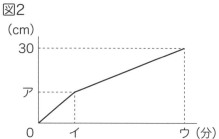

図2

(1) 図2のグラフのア，イ，ウにあてはまる数を求めなさい。

(2) 容器のいちばん底から水面までの高さが12cmになってから24cmになるまで何分かかりますか。

B 右の図1のように，直方体の容器の中に高さ20cmの直方体の段をつけ，容器の上から毎分2.5Lの割合で満水になるまで水を入れます。

右の図2はこの容器に水を入れ始めてからの時間と容器のいちばん底から水面までの高さの関係を表したものです。

このとき，次の問いに答えなさい。

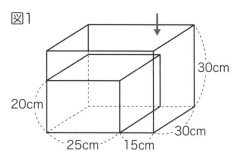

図1

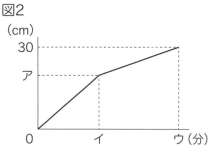

図2

(1) 図2のグラフのア，イ，ウにあてはまる数を求めなさい。

(2) 容器のいちばん底から水面までの高さが26.25cmになるのは，水を入れ始めてから何分後ですか。

右の図1のように，直方体の容器の中に高さ12cmの直方体の段がついています。この容器に上から毎分一定の割合で満水になるまで水を入れました。

右の図2はこの容器に水を入れ始めてからの時間と容器のいちばん底から水面までの高さの関係を表したものです。

このとき，次の問いに答えなさい。

(1) 毎分何Lの水を入れていましたか。

(2) この容器の容積は何Lですか。

(3) 図1の□にあてはまる数を求めなさい。

図1

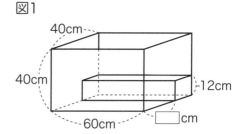

図2
(cm)

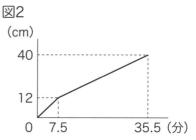

解　説　(1)　図1の容器の段より上の部分に入れることができる水の体積は，$40 \times 60 \times (40-12) = 67200 (cm^3)$です。この水を入れるのにかかった時間は図2のグラフから，$35.5 - 7.5 = 28$（分）とわかるので，1分間に入れている水は，$67200 \div 28 = 2400 (cm^3)$
$1L = 1000cm^3$なので，<u>2.4L</u>

(2)　図2のグラフから35.5分で満水になったことがわかるので，容積（容器に入れることができる水の量）は，$2.4 \times 35.5 = \underline{85.2 (L)}$

(3)　高さ12cmまでの直方体部分に入る水の量は，7.5分間に入る水の量なので，$2400 \times 7.5 = 18000 (cm^3)$
よって，□$\times 60 \times 12 = 18000$
□$= 18000 \div (60 \times 12) = \underline{25}$

Ⓐ 右の図1のように，直方体の容器の中
に直方体の段がついています。この容器
に上から毎分一定の割合で満水になるま
で水を入れました。
　右の図2はこの容器に水を入れ始めて
からの時間と容器のいちばん底から水面
までの高さの関係を表したものです。
　このとき，次の問いに答えなさい。

(1)　毎分何Lの水を入れていましたか。

(2)　この容器の容積は何Lですか。

(3)　図1の□にあてはまる数を求めなさ
い。

図1
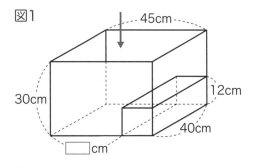

図2
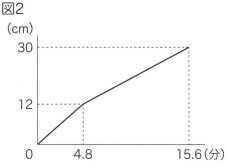

Ⓑ 右の図1のように，直方体の容器の中
に直方体の段がついています。この容器
に上から毎分一定の割合で満水になるま
で水を入れました。
　右の図2はこの容器に水を入れ始めて
からの時間と容器のいちばん底から水面
までの高さの関係を表したものです。
　このとき，次の問いに答えなさい。

(1)　毎分何Lの水を入れていましたか。

(2)　この容器の容積は何Lですか。

(3)　図1の□にあてはまる数を求めなさ
い。

図1
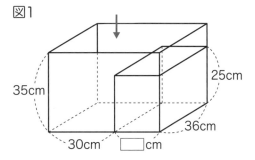

図2
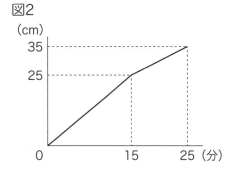

右の図1のような直方体の容器に底面に垂直なしきり板をつけ，底面をA，B2つの長方形に分けました。図2のグラフはこの直方体のAの部分に上から水を入れたとき，水を入れ始めてからの時間と容器の底からいちばん高い水面までの高さの関係を表したものです。しきり板の厚さは考えないものとして，次の問いに答えなさい。

図1

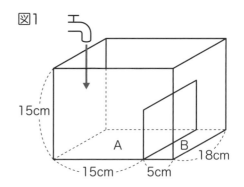

図2

(1) しきり板の高さは何cmですか。

(2) 毎秒何cm³の水を入れましたか。

(3) 容器が満水になるのは水を入れ始めてから何秒後ですか。

解説

(1) 図2のグラフより，水面の高さが8cmになったとき，Bの部分に水があふれ出しているのがわかります。
したがって，しきり板の高さは 8cm とわかります。

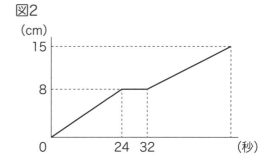

(2) Aの部分に8cmの深さまで入った水の体積は，15×18×8＝2160（cm³）で，この水を入れるのに24秒かかっているので，毎秒，2160÷24＝90（cm³）

(3) 図1の容器の容積は，18×（15＋5）×15＝5400（cm³）　水を毎秒90cm³ずつ入れているので，満水になるのは，5400÷90＝60（秒後）

A 右の図1のような直方体の容器に底面に垂直なしきり板をつけ，底面をA，B2つの長方形に分けました。図2のグラフはこの直方体のAの部分に上から水を入れたとき，水を入れ始めてからの時間と容器の底からいちばん高い水面までの高さの関係を表したものです。しきり板の厚さは考えないものとして，次の問いに答えなさい。

図1

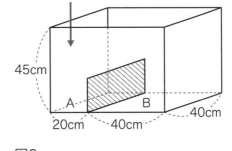

(1) しきり板の高さは何cmですか。

(2) 毎分何Lの水を入れましたか。

図2

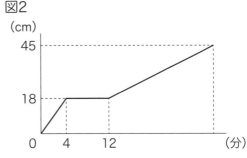

(3) 容器が満水になるのは水を入れ始めてから何分後ですか。

B 右の図1のような直方体の容器に底面に垂直なしきり板をつけ，底面をA，B2つの長方形に分けました。図2のグラフはこの直方体のAの部分に上から水を入れたとき，水を入れ始めてからの時間と容器の底からいちばん高い水面までの高さの関係を表したものです。

　このとき，図2のグラフのア，イ，ウにあてはまる数をそれぞれ求めなさい。

図1

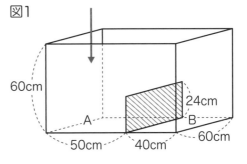

図2

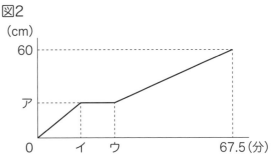

例題4

　右の図1のような直方体の容器に底面に垂直なしきり板をつけ，底面をA，B2つの長方形に分けました。図2のグラフはこの直方体のAの部分に上から毎分一定の量の水を入れたとき，水を入れ始めてからの時間と容器の底からいちばん高い水面までの高さの関係を表したものです。しきり板の厚さは考えないものとして，次の問いに答えなさい。

(1)　図1のア，イの部分の長さを求めなさい。

(2)　図2のウにあてはまる数を求めなさい。

図1

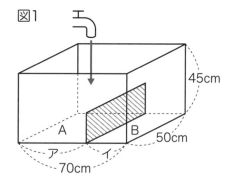

図2

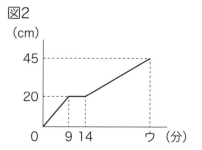

解 説　(1)　図2のグラフより，仕切り板の高さは20cmであることがわかります。Aの部分に20cmまで水が入るのに9分，Bの部分に20cmまで水が入るのに，14－9＝5(分)かかるので，A，Bに20cmの深さで入る水の体積の比は，9：5になります。
　　　よって，ア：イ＝9：5となり，ア＝70÷(9＋5)×9＝<u>45(cm)</u>，イ＝70÷(9＋5)×5＝<u>25(cm)</u>になります。

　別解）水を入れ始めてから14分後に容器の底面全体に20cmの高さで水が入ったことがわかるので，1分間に容器に入る水の量は，70×50×20÷14＝5000(cm³)　よって，ア＝5000×9÷(20×50)＝<u>45(cm)</u>，イ＝70－45＝<u>25(cm)</u>

(2)　容器の底面全体に20cmの高さで入る水の体積と45cmの高さで入る水の体積(容積)の比は，20：45＝4：9で，それぞれの体積の水が入る時間の比も4：9です。したがって，14：ウ＝4：9となります。これより，ウ＝14÷4×9＝<u>31.5(分)</u>

　別解）ウは満水になる時間です。容積は，70×50×45＝157500(cm³)で，(1)の別解より1分間に入る水の量は5000cm³なので，ウ＝157500÷5000＝<u>31.5(分)</u>

A 右の図1のような直方体の容器に底面に垂直なしきり板をつけ，底面をA，B2つの長方形に分けました。図2のグラフはこの直方体のAの部分に上から毎分一定の量の水を入れたとき，水を入れ始めてからの時間と容器の底からいちばん高い水面までの高さの関係を表したものです。しきり板の厚さは考えないものとして，次の問いに答えなさい。

(1) 図1のア：イを求めなさい。

(2) 図2のウにあてはまる数を求めなさい。

図1

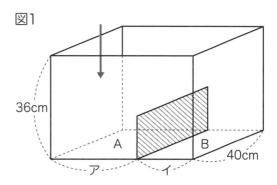

図2

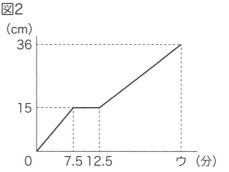

B 右の図1のような直方体の容器に底面に垂直なしきり板をつけ，底面をA，B2つの長方形に分けました。図2のグラフはこの直方体のAの部分に上から毎分一定の量の水を入れるとき，水を入れ始めてからの時間と容器の底からいちばん高い水面までの高さの関係を表したものです。しきり板の厚さは考えないものとして，次の問いに答えなさい。

(1) 図1のア，イにあてはまる数をそれぞれ求めなさい。

(2) 毎分入れる水の量が2688cm³のとき，図1のウの長さを求めなさい。

図1

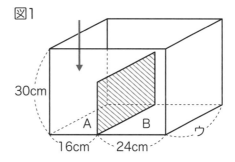

図2

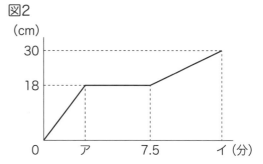

2

段差やしきりなどがある問題

右の図1のような直方体の容器に底面に垂直なしきり板をつけ，底面をA，B2つの長方形に分けました。図2のグラフはこの直方体のAの部分に上から毎秒一定の量の水を入れたとき，水を入れ始めてからの時間と容器の底からいちばん高い水面までの高さの関係を表したものです。しきり板の厚さは考えないものとして，次の問いに答えなさい。

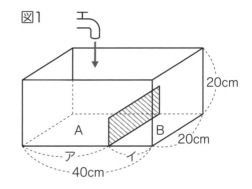

図1

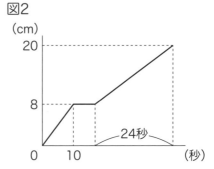

図2

(1) 毎秒何cm³の水を入れていますか。

(2) 図1のア，イの長さを求めなさい。

(3) Bの部分の水の深さが6cmになるのは容器に水を入れ始めてから何秒後ですか。

解 説　(1) 図2のグラフに記入されている24秒間は容器の底面全体に水が入っているので，1秒間に入る水の体積は，40×20×(20−8)÷24＝<u>400(cm³)</u>

(2) Aの部分にしきり板の高さ8cmまで水が入るのは水を入れ始めてから10秒後なので，その体積は，400×10＝4000(cm³)　よって，ア×20×8＝4000　ここからアを求めると，ア＝4000÷(20×8)＝<u>25(cm)</u>　イは，40−25＝<u>15(cm)</u>

(3) Bの部分の水の深さが6cmになるとき，Bの部分に入っている水の体積は，15×20×6＝1800(cm³)　よって，このときまでにBの部分に水を入れていた時間は，1800÷400＝4.5(秒)　したがって，容器に水を入れ始めてから，10+4.5＝<u>14.5(秒後)</u>

A 右の図1のような直方体の容器に底面に垂直なしきり板をつけ，底面をA，B2つの長方形に分けました。図2のグラフはこの直方体のAの部分に上から毎分一定の量の水を入れたとき，水を入れ始めてからの時間と容器の底からいちばん高い水面までの高さの関係を表したものです。しきり板の厚さは考えないものとして，次の問いに答えなさい。

図1
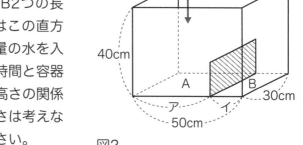

(1)　毎分何Lの水を入れていますか。

(2)　図1のア，イの長さを求めなさい。

図2
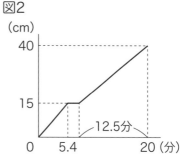

(3)　Bの部分の水の深さが10cmになるのは，容器に水を入れ始めてから何分後ですか。

B 右の図1のような直方体の容器に底面に垂直なしきり板をつけ，底面をA，B2つの長方形に分けました。図2のグラフはこの直方体のAの部分に上から毎分一定の量の水を入れたとき，水を入れ始めてからの時間と容器の底からいちばん高い水面までの高さの関係を表したものです。このとき，図2のア，イ，ウにあてはまる数をそれぞれ求めなさい。ただし，しきり板の厚さは考えないものとします。

図1
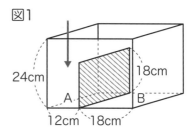

図2
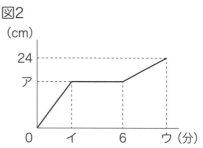

右の図1のような直方体の容器に底面に垂直なしきり板P，Qをつけ，底面をA，B，Cの3つの長方形に分けました。図2のグラフはこの直方体のAの部分に上から毎分一定の量の水を入れたとき，水を入れ始めてからの時間と容器の底からいちばん高い水面までの高さの関係を表したものです。しきり板の厚さは考えないものとして，次の問いに答えなさい。

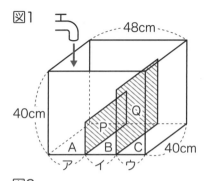

図1

(1) しきり板P，Qの高さはそれぞれ何cmですか。

(2) 図1のア，イ，ウの部分の長さを求めなさい。

(3) 図2のエにあてはまる数を求めなさい。

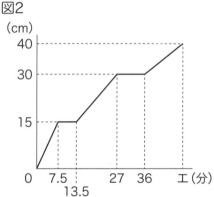

図2

解説

(1) 図2のグラフより，仕切り板Pの高さは<u>15cm</u>，Qの高さは<u>30cm</u>であることがわかります。

(2) A，Bの部分に15cmの高さで入った水の体積の比は，入るのにかかった時間の比と等しいので，7.5：(13.5−7.5)＝5：4です。よって，ア：イ＝5：4　また，AとBを合わせた部分に30cmの高さで入った水とCの部分に30cmの高さで入った水の体積の比は，入るのにかかった時間の比と等しいので，27：(36−27)＝3：1になります。よって，(ア＋イ)：ウ＝3：1ここで，アの長さを⑤，イの長さを④とすると，ウの長さは，(⑤＋④)÷3＝③となり，ア：イ：ウ＝5：4：3になります。①＝48÷(5＋4＋3)＝4(cm)なので，ア＝4×5＝<u>20(cm)</u>，イ＝4×4＝<u>16(cm)</u>，ウ＝4×3＝<u>12(cm)</u>

(3) 容器の底面全体に30cmの高さで入る水の体積と40cmの高さで入る水の体積の比は，30：40＝3：4で，それぞれの体積の水が入る時間の比も3：4です。したがって，36：エ＝3：4となります。これより，エ＝36÷3×4＝<u>48(分)</u>

A 右の図1のような直方体の容器に底面に垂直なしきり板P，Qをつけ，底面をA，B，Cの3つの長方形に分けました。図2のグラフはこの直方体のAの部分に上から毎分一定の量の水を入れたとき，水を入れ始めてからの時間と容器の底からいちばん高い水面までの高さの関係を表したものです。しきり板の厚さは考えないものとして，次の問いに答えなさい。

図1

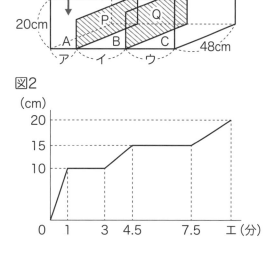

図2

⑴ しきり板P，Qの高さはそれぞれ何cmですか。

⑵ 図1のア，イ，ウの部分の長さを求めなさい。

⑶ 図2のエにあてはまる数を求めなさい。

B 右の図1のような直方体の容器に底面に垂直なしきり板P，Qをつけ，底面をA，B，Cの3つの長方形に分けました。図2のグラフはこの直方体のAの部分に上から毎分一定の量の水を入れたとき，水を入れ始めてからの時間と容器の底からいちばん高い水面までの高さの関係を表したものです。しきり板の厚さは考えないものとして，図2のグラフのア，イ，ウ，エにあてはまる数をそれぞれ求めなさい。

図1

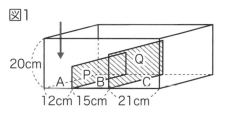

図2

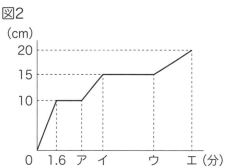

❶ 下の図1のような直方体の形をした空の容器があり，直方体のしきりで底面がA，Bの部分に分けられています。この容器のAの部分に上から毎分一定の量の水を入れます。図2は，この容器に水を入れ始めてから満水になるまでの時間と水面の一番高い高さとの関係を表したものです。

これを見て，あとの問いに答えなさい。

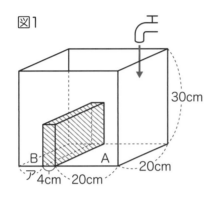

図1

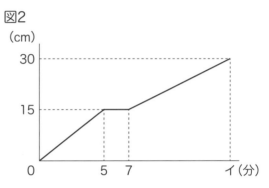

図2

(1) 1分間に入る水は何cm³ですか。

(2) 図1のアの長さは何cmですか。

(3) 図2のグラフのイにあてはまる数を求めなさい。

❷ 右の図1のような直方体を組み合わせた形の容器に，上から一定の割合で水を入れていきます。図2のグラフは，この容器に水を入れ始めてから満水になるまでの時間と容器内の水の深さとの関係を表したものです。

このとき，次の問いに答えなさい。

図1

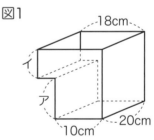

(1) 毎秒何cm³の割合で水を入れましたか。

(2) 図1のイの長さを求めなさい。

(3) 水の深さが13cmになるのは，水を入れ始めてから何秒後ですか。

図2

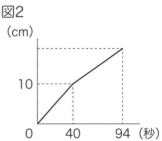

3 下の図1のような60Lの水が入る直方体の水そうがあります。この中に高さ20cmの仕切りがあり，底面がAとBの2つの部分に分けられています。AとBのそれぞれを底面とする部分にはそれぞれ水を入れるじゃ口がついていて，じゃ口からはそれぞれ一定の割合で水が入ります。容器がからの状態から2つのじゃ口を同時に開いて水を入れると，水を入れてからの時間とA，Bそれぞれの部分での水の深さとの関係は図2のグラフのようになります。

これを見て，あとの問いに答えなさい。

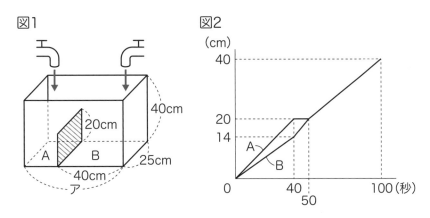

図1

図2

(1) アの長さを求めなさい。

(2) AとBのじゃ口からはそれぞれ毎秒何cm³の水が出ますか。

4 ある容器に毎秒60cm³で水を入れ，水の深さをはかりました。右のグラフはそのときの水を入れ始めてからの時間と水の深さとの関係を表したものです。

このとき，次の問いに答えなさい。

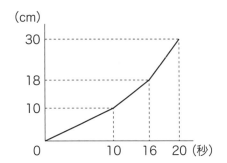

(1) 水を入れ始めてから10秒後までは，水が入る部分の底面積は何cm²でしたか。

(2) 水の深さが14cmになるのは，水を入れ始めてから何秒後ですか。

(3) 水を入れ始めてから17秒後の水の深さは何cmですか。

5 右の図1のような直方体を2つ組み合わせた形の水そうがあります。この水そうに上から一定の割合で満水になるまで水を入れました。図2のグラフは水を入れ始めてからの時間と水面の高さとの関係を表したものです。
　このとき，あとの問いに答えなさい。

図1

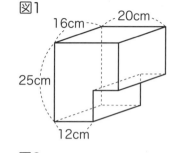

(1) この水そうの容積は何cm³ですか。

(2) 1秒間に何cm³の水を入れましたか。

(3) 水面の高さが20cmになったのは，水を入れ始めてから何秒後でしたか。

図2

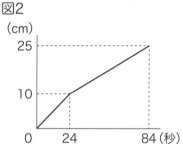

6 右の図1のような直方体の形をした水そうがあり，底面に垂直な仕切り板で底面が長方形A，Bに分けられています。底面Aの面積は600cm²，底面Bの面積は1200cm²です。また，この水そうには，底面Aの方に毎分1800cm³で水を入れる管と底面Bの方に一定の割合で水を入れる管がついています。図2のグラフは，水そうがからの状態から2つの管を同時に開いて水を入れたとき，水を入れ始めてから満水になるまでの時間と底面Aの部分の水面の高さとの関係を表したものです。このとき，あとの問いに答えなさい。

図1

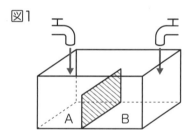

図2

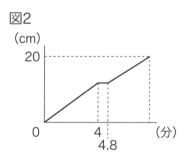

(1) しきり板の高さは何cmですか。

(2) 底面Bの方についている管からは毎分何cm³の水が入りますか。

(3) 水を入れ始めてから水そうがいっぱいになるまで何分かかりますか。

7 下の図1のような直方体を組み合わせた形の水そうがあります。この水そうがからの状態から一定の割合で水を入れ，水そうのいちばん下の面から水面までの高さをはかりました。図2は，水を入れ始めてからの時間と水面までの高さとの関係をとちゅうまで表したグラフです。

このとき，あとの問いに答えなさい。

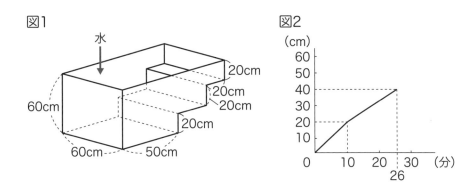

図1

図2

(1) はじめ、水を毎分何Lで入れましたか。

(2) 水面までの高さが30cmになったのは水を入れ始めてから何分後ですか。

(3) 水を入れ始めてから26分後に，入れる水の量を毎分8Lに変えました。満水になるまでのようすを下のグラフに書き入れなさい。

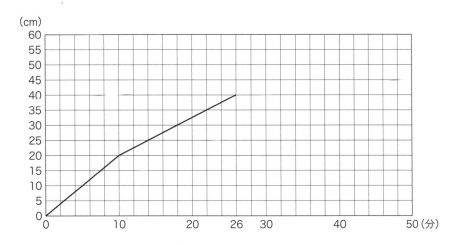

(4) 水面の高さが52cmになったのは，水を入れ始めてから何分後ですか。

1 下の図1のような直方体の形をした水そうがあり，しきり板で底面がA，
Bの2つの長方形になるように分けられています。Bには図1のように直方体
の鉄のブロックが置かれています。Bの部分に上から毎分6Lの水を入れる
と，水を入れ始めてからの時間とBの部分の水の深さの関係は下の図2のよ
うなグラフで表されます。このとき，あとの問いに答えなさい。

図1

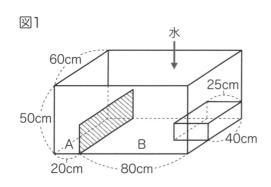

図2

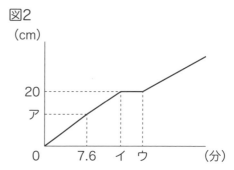

(1) 図2のグラフのア，イ，ウにあてはまる数を求めなさい。

(2) 水そうがいっぱいになるのは，水を入れ始めてから何分後ですか。

2 下の図1のように，直方体の形をした水そうに水が入らない直方体の箱が
取り付けてあり，底面はしきり板でA，Bの2つの部分に分けられていま
す。この水そうのAの部分に上から毎秒18cm³の水を入れていきます。図2
のグラフは，Aの部分に水を入れ始めてからの時間とAの部分の水面の高さ
を表したものです。このとき，図1，図2のア，イ，ウ，エにあてはまる数
を求めなさい。

図1

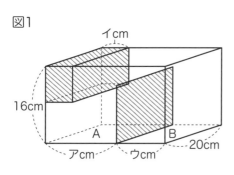

図2

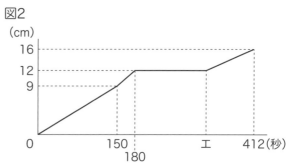

3 下の図1のような直方体の形の水そうがあります。この水そうには長方形のしきり板が2枚ついています。しきり板は底面に垂直に立っていて，水そうはA，B，Cの3つの部分に分かれています。A，B，Cの底面はすべて長方形です。この水そうにAの部分の真上から毎分2400cm³の水を水そうがいっぱいになるまで入れました。図2のグラフは，水を入れ始めてからの時間とBの部分の水の深さとの関係を表したものです。

　このとき，あとの問いに答えなさい。ただし，しきり板の厚さは考えないものとします。

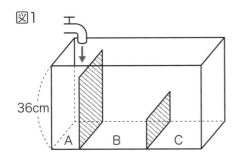

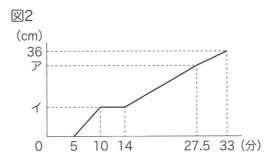

(1)　A，B，Cの部分の底面積はそれぞれ何cm²ですか。

(2)　グラフのア，イにあてはまる数をそれぞれ求めなさい。

(3)　水を入れ始めてから3分後，Aの部分の水の深さは何cmでしたか。

(4)　Cの部分の水の深さが9cmになったのは，水を入れ始めてから何分後ですか。

【水量とグラフ】基本テクニックのまとめ

1 同じ割合で水を入れるとき

① 底面積が広いほど水面の上がり方は遅くなります。

例1

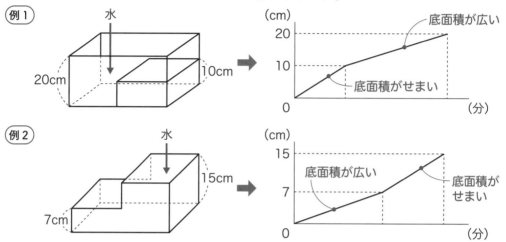

② （水を入れた時間の比）＝（入った水の体積の比）

例 A，Bに分かれた底面のAの部分に水を入れたとき，Aの部分の水面の高さ

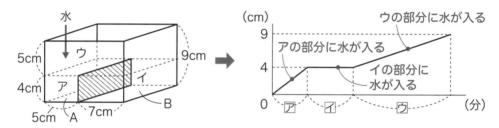

アとイの体積の比は5：7 ➡ グラフの⑦：⑦も5：7
（ア＋イ）：ウの体積の比は4：5 ➡ グラフの（⑦＋⑦）：⑦も4：5

2 穴や排水管のついている容器

（穴や排水管から出る水の体積）＝（毎分入れる水の体積）－（毎分容器にたまる水
の体積）

例

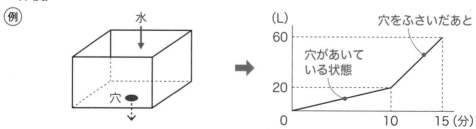

上のグラフから，毎分入れている水の体積は，（60－20）÷（15－10）＝8（L）
　穴が開いているときに毎分容器にたまる水の体積は，20÷10＝2（L）なので，穴
が開いていたときに出ていっていた水の体積は，毎分，8－2＝6（L）

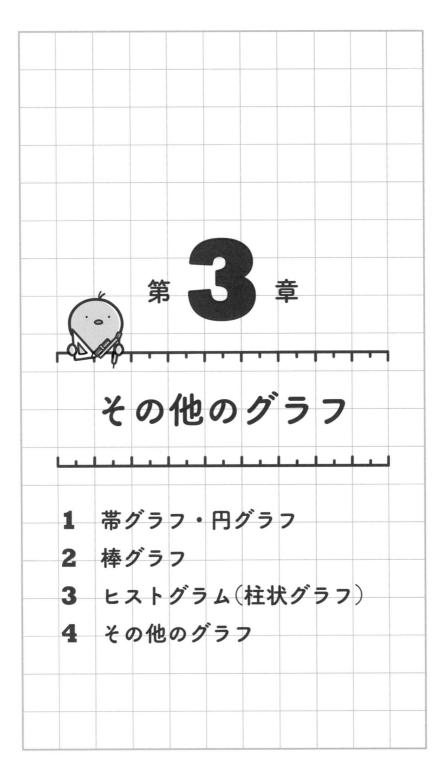

第**3**章

その他のグラフ

1 帯グラフ・円グラフ

2 棒グラフ

3 ヒストグラム（柱状グラフ）

4 その他のグラフ

1 帯グラフ・円グラフ

次のグラフは，ある日，A小学校の前を通過した車の種類と台数を調べてまとめたものです。これを見て，あとの問いに答えなさい。

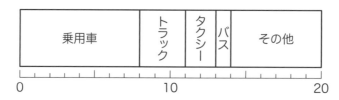

(1) トラックの台数はバスの台数の何倍ですか。

(2) 乗用車の台数は全体の何%ですか。

(3) タクシーの台数が8台だったとするとトラックの台数は何台ですか。

(4) この結果を円グラフに表すと，その他の部分を表す中心角は何度になりますか。

 解 説

(1) 目盛りの数を数えて比べます。トラックの部分は3目盛り，バスの部分は1目盛りなので，3÷1＝<u>3(倍)</u>

(2) 全部で20目盛り，乗用車を表す部分は8目盛りなので，乗用車の台数は全体の，8÷20＝0.4(倍) よって，0.4×100＝<u>40(%)</u>

(3) タクシーを表す部分は2目盛りなので，1目盛り分の台数は，8÷2＝4(台) トラックを表す部分は3目盛りなので，その台数は，4×3＝<u>12(台)</u>

(4) 右の図のアの部分の角度を答えます。

帯グラフの目盛りから，その他の部分は全体の $\frac{6}{20}$

なので，中心角は，$360° × \frac{6}{20} ＝ \underline{108°}$

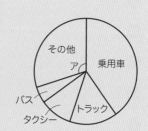

Ⓐ　次の帯グラフはある日の朝，B中学校に登校してきた人たちが主にどんな交通手段を使って登校したかを調べてまとめたものです。これを見て，あとの問いに答えなさい。ただし，1人が1つの交通手段を答えたものとします。

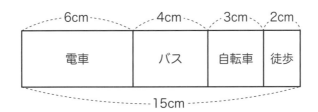

⑴　電車と答えた人の数は徒歩と答えた人の数の何倍ですか。

⑵　自転車と答えた人の数は全体の人数の何％ですか。

⑶　バスと答えた人が36人だったとすると，自転車と答えた人は何人になりますか。

⑷　この結果を円グラフで表すと，電車と答えた人を表す部分の中心角は何度になりますか。

Ⓑ　次の帯グラフはある地域で行われたこども祭りに参加したこどもたちの人数を調べてまとめたものです。これを見て，あとの問いに答えなさい。

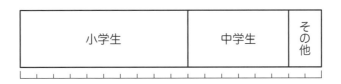

⑴　小学生の人数は全体の人数の何分のいくつですか。

⑵　中学生の参加者は24人でした。全部で何人のこどもが参加しましたか。

⑶　この結果を円グラフに表したとき，その他の部分の中心角は何度になりますか。

　右の図1の円グラフは，ある小学校の6年生全員に，いちばん好きな教科を1人1つずつ答えてもらい，その結果をまとめたもので，国語とその他の部分の中心角は同じです。また，図2の円グラフは，図1の円グラフのその他の教科の内訳を表したものです。このとき，あとの問いに答えなさい。

図1

(1) 理科と答えた人は全体の10%でした。図1のアは何度ですか。

(2) 体育と答えた人は28人でした。この学校の6年生は全部で何人いますか。

図2

(3) 図工と答えた人は何人ですか。

(4) 社会と答えた人の6年生全体の人数に対する割合を分数で答えなさい。

解説　(1) 全体を表す中心角は360°なので，360°×0.1＝<u>36°</u>

(2) 28人が6年生全体の $\frac{84}{360}＝\frac{7}{30}$ にあたります。

よって，6年生全体の人数は，$28÷\frac{7}{30}＝\underline{120（人）}$

(3) 図1の国語とその他を合わせた中心角は，360°－（120°＋84°＋36°）＝120°　よって，その他を表す部分の中心角は，120°÷2＝60°　したがって，図1で，その他の教科と答えた人は6年生全体の $\frac{60}{360}＝\frac{1}{6}$ とわかり，その人数は，$120×\frac{1}{6}＝20（人）$　これが図2の円グラフの全体の人数となります。よって，図工と答えた人の人数は，$20×\frac{144}{360}＝20×\frac{2}{5}＝\underline{8（人）}$

(4) 図2で音楽と答えた人は，$20×\frac{90}{360}＝20×\frac{1}{4}＝5（人）$　よって，社会と答えた人は，20－（8＋5）＝7人で，6年生全体の，$7÷120＝\underline{\frac{7}{120}}$

Ⓐ 次の図1の円グラフは，ある小学校の5年生全員にいちばん好きなスポーツを1人1つずつ答えてもらい，その結果をまとめたものです。サッカーと答えた人は48人で，図1の野球の部分の中心角は90°です。また，図2の円グラフは，図1のその他の部分の内訳を表したものです。これを見て，あとの問いに答えなさい。

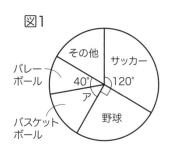
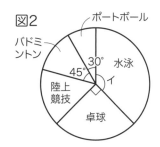

⑴ この学校の5年生は何人いますか。

⑵ バスケットボールと答えた人は20人でした。図1のアの角度を求めなさい。

⑶ 水泳と答えた人は9人でした。図2のイの角度を求めなさい。

⑷ 図2の卓球の部分の中心角は90°です。陸上競技と答えた人は何人ですか。

Ⓑ 次の図1の円グラフは，ある町内会の班で，その地域に住んでいる人の年齢を調べてまとめたものです。また，図2の円グラフは，60歳以上の人をさらに細かく分類したものです。このとき，この地域の年齢別人口をまとめた表を完成させなさい。

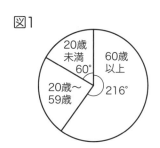
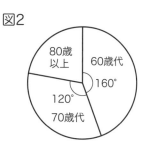

年齢	20歳未満	20歳～59歳	60歳～69歳	70歳～79歳	80歳以上
人口	人	人	人	人	72人

❶ 次の帯グラフは，ある町において新聞の朝刊の販売数を新聞社ごとにまとめたものです。その他の新聞社の販売数は2574部です。

　このとき，あとの問いに答えなさい。

A社 46%	B社 24%	C社	その他 12%

(1) B社の販売数は何部ですか。

(2) この町の朝刊の販売数は全部で何部ですか。

(3) C社の販売数は何部ですか。

❷ 右の円グラフは，ある小学校の児童全員にいちばん好きなくだものを答えてもらった結果を表したものです。1人が1種類ずつ答えました。りんごと答えた人は135人でした。

　このとき，次の問いに答えなさい。

その他 15%
メロン 35%
なし
ぶどう 15%
りんご 25%

(1) りんごの部分の中心角は何度ですか。

(2) なしと答えた人は何人ですか。

(3) その他の中でいちごと答えた人は27人でした。いちごをその他から切り離してこの円グラフ内に加えると，その中心角は何度になりますか。

❸ 右の図は，ある小学校の全校児童360人の
いちばん好きな食べ物を調べ，その割合を円
グラフに表したものです。いちばん好きな食
べ物がカレーライスの人は162人，ラーメン
の人は108人，その他の人は18人でした。
　このとき，次の問いに答えなさい。

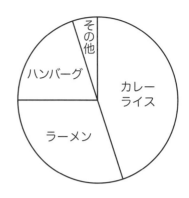

⑴　カレーライスと答えた人は全校児童の何％
　ですか。

⑵　ハンバーグの部分の中心角は何度ですか。

⑶　この結果を長さ20cmの帯グラフに表し直すとき，ラーメンを表す部分の
　長さは何cmになりますか。

❹ ある町では昨年1600トンの紙パックが回
収され，そのうち75％が再生紙につくりか
えられました。右の円グラフは，その再生紙
からつくられた製品の割合を表したものです。
　このとき，次の問いに答えなさい。

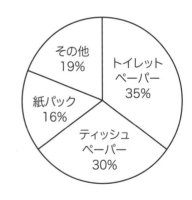

⑴　昨年，紙パックの再生紙からつくられたト
　イレットペーパーは何トンでしたか。

⑵　円グラフ中の紙パックの重さは，昨年回収された紙パック全体の重さの
　何％ですか。

⑶　円グラフの中のティッシュペーパーの重さは，昨年この町で使用された
　ティッシュペーパーの重さの15％にあたります。昨年この町で使用された
　ティッシュペーパーは何トンでしたか。

1 そうまさんは夕方から夜にかけての一定の時間の使い方を見直すことにしました。次のグラフは，ある日曜日と月曜日のそうまさんの時間の使い方を，調査した時間に対する割合で表したもので，「勉強」，「娯楽」，「睡眠」，「食事・風呂」の4つに分けてあります。日曜日には「勉強」と「娯楽」にかけた時間は合わせて全体の7割だったそうです。また，月曜日には「睡眠」の時間が増え，「勉強」か「食事・風呂」のどちらかの時間が6分増えたそうです。このとき，あとの問いに答えなさい。

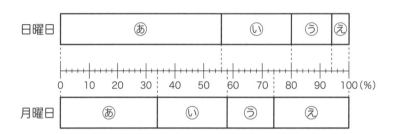

(1) あにあてはまるのは次のA〜Dのうちのどれですか。記号で答えなさい。
   A 「勉強」　　　B 「娯楽」　　　C 「睡眠」　　　D 「食事・風呂」

(2) 月曜日に「娯楽」にあてた時間は何時間何分でしたか。

2 右の円グラフは，ゆうたさんのある休日の過ごし方を表したものです。この日の食事時間と風呂の時間の合計は休けい時間の合計と同じで，睡眠時間は勉強時間の合計の2倍でした。また，クラブ活動の時間は勉強時間の合計より1時間多く，休憩時間の合計はクラブ活動の時間より3時間少なくなっていました。このとき，次の問いに答えなさい。

(1) クラブ活動の時間は何時間何分でしたか。

(2) ゆうたさんはこの日，算数を1時間48分勉強しました。勉強時間の合計を全体としてその内訳を新たな円グラフに表したとき，算数を勉強した時間を表す中心角は何度になりますか。

3 ある小学校で，6年生の男子と女子それぞれに，将来どんな職業につきたいかを調査しました。つきたい職業は1人1つずつ答えてもらいました。下の円グラフは男女別にその結果をまとめたものです。男子のグラフにはそれぞれの割合が，女子のグラフにはそれぞれの部分の中心角が書き入れてあります。また，男子で教師と答えた人数と女子で美容師と答えた人数の比は3：4でした。このとき，あとの問いに答えなさい。

男子
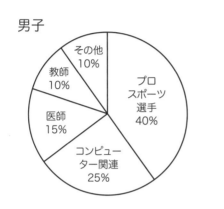

女子

(1) 女子で「美容師」と答えた人は女子全体の何％ですか。

(2) 6年生の男子と女子の人数の比を求めなさい。

(3) 男子で「プロスポーツ選手」と答えた人数は6年生全体の人数の何％ですか。

(4) 女子で「薬剤師」と答えた人が男子で「医師」と答えた人より1人多かったそうです。6年生の人数は全部で何人ですか。

(5) 男子の中で「パティシエ」と答えた人はいなかったようです。この結果を6年生全体の人数を20cmとして帯グラフに表すと，「パティシエ」と答えた人を表す部分の長さは何cmになりますか。

2 | 棒グラフ

右のグラフは，あるクラス全員に対して行った計算テストの結果を表したものです。

このとき，次の問いに答えなさい。

(1) このテストの平均点は何点ですか。

(2) 8点以上とった人は全体の何%ですか。

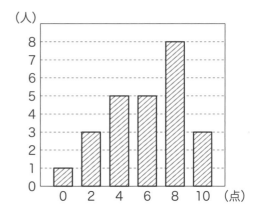

解説 右の図のように各得点の人数を書き込んでいくと計算しやすくなります。

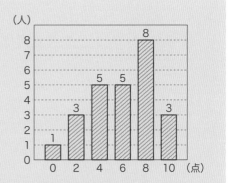

(1) このクラスの人数は，1＋3＋5＋5＋8＋3＝25（人）

得点の総合計は，2点が3人，4点が5人，6点が5人，8点が8人，10点が3人なので，2×3＋4×5＋6×5＋8×8＋10×3＝150（点）

よって，平均点は，150÷25＝<u>6（点）</u>

(2) 8点以上とった人の人数は，8＋3＝11（人）

全体の人数に対する割合は，11÷25＝0.44

百分率で表すと，0.44×100＝<u>44（%）</u>

A 右のグラフは，あるグループで10点満点の漢字テストを行った結果を表したものです。

　この結果について，次の問いに答えなさい。

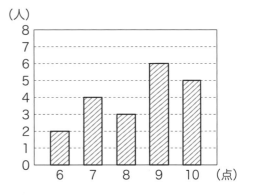

(1) 平均点は何点ですか。

(2) 8点以上とった人は全体の人数の何％ですか。

B 右のグラフは，5日間のバーゲンセール中に，ある製品が売れた個数を表したものです。

　このとき，次の問いに答えなさい。

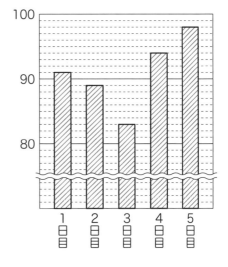

(1) 5日間で売れた個数の平均は何個ですか。

(2) はじめの3日間で売れた個数は5日間で売れた個数の何％にあたりますか。四捨五入して小数第一位までのおよその数で答えなさい。

右のグラフは，あるクラス30人で行った算数のテストの結果を表したものですが，インクをこぼしたために一部が隠れてしまっています。このテストは3題あり，問1が20点，問2が30点，問3が50点で，0点の人はいませんでした。また，30人の平均点は61点でした。
このとき，次の問いに答えなさい。

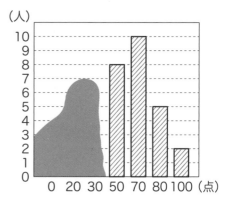
（人）

(1)　20点の人と30点の人は合わせて何人ですか。

(2)　30点の人は何人でしたか。

(3)　問3を正解した人は20人いました。問2を正解した人は全部で何人ですか。

解　説

(1)　50点以上の人は全部で，8＋10＋5＋2＝25（人）
　　したがって，20点の人と30点の人は合わせて，30－25＝<u>5（人）</u>

(2)　考え方は，「つるかめ算」にあたります。まず，20点と30点の5人の得点の合計を求めます。クラスの平均が61点であることから，クラス全員の得点の合計は，61×30＝1830（点）　50点以上の人の得点の合計は，50×8＋70×10＋80×5＋100×2＝1700（点）　よって，20点と30点の5人の得点の合計点は，1830－1700＝130（点）となります。ここで，5人全員が20点だとすると，20×5＝100（点）となり，130点にならないので，20点を1人ずつ30点に変えてあと30点増やします。すると，30点だった人の人数は，（130－100）÷（30－20）＝<u>3（人）</u>となります。

(3)　問3を正解した人は，100点の2人と80点の5人と70点の10人の合わせて17人と50点のうちの一部です。50点の人は「問3だけ正解の人」と「問1，問2だけ正解の人」に分かれるからです。50点の人のうち「問3だけ正解の人」は，20－17＝3（人）なので，「問1，問2だけ正解の人」は，8－3＝5（人）です。よって，問2を正解した人は，100点，80点，30点の人と，この5人を合わせて，2＋5＋3＋5＝<u>15（人）</u>

答えは別冊33ページ

あるクラスの25人全員が算数のテストを受けました。次のグラフはその結果を表したものですが，一部分記入してありません。テストは問1が10点，問2が40点，問3が50点の100点満点で，クラスの平均点は59.2点です。また，0点の人はいませんでした。

このとき，あとの問いに答えなさい。

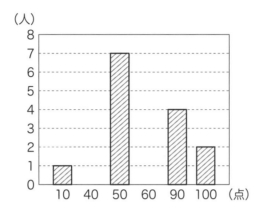

(1)　クラス全員の合計得点は何点ですか。

(2)　40点だった人と60点だった人は合わせて何人ですか。

(3)　40点だった人の合計得点と60点だった人の合計得点の和は何点ですか。

(4)　60点だった人は何人ですか。

(5)　問1を正解した人は14人でした。問3を正解した人は何人でしたか。

練習問題

答えは別冊33ページ

1 右のグラフは，ある日，クラス28人
のうち欠席者3人を除いた25人で行った
漢字テストの結果を表したものですが，
6点の人数を表す棒だけが抜けています。
　このとき，次の問いに答えなさい。

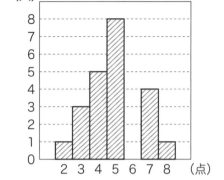

(1)　6点だった人は何人でしたか。

(2)　この日，漢字テストを受けた25人の平均点は何点ですか。

(3)　この日休んでいたクラスの3人が後日同じテストを受けたところ，2人が7
点で，1人が8点でした。クラスの平均点は何点上がりますか。

2 右のグラフは，あるクラス全員で行っ
た計算テストの結果を表したものです。
得点が6点未満の人は再テストを受ける
ことになっています。
　このとき，次の問いに答えなさい。

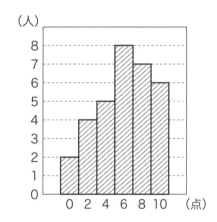

(1)　このクラスの人数を求めなさい。

(2)　このクラスの平均点を求めなさい。

(3)　再テストを受ける人はクラスの人数の何％ですか。四捨五入して整数で答
えなさい。

3 次のグラフは，あるクラス40人で行った漢字テストの結果を表したものですが，5点と7点の人数を表す棒が抜けています。クラスの平均点は6.6点でした。このとき，この棒グラフを完成させなさい。

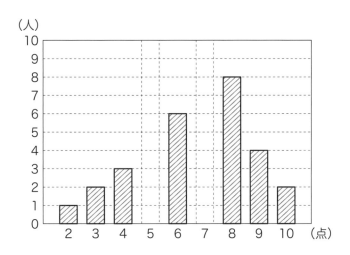

4 あるクラスの全員が3題ある算数のテストを受けました。問題①は20点，問題②は30点，問題③は50点で，部分点はありません。右のグラフは，その結果を表したものです。

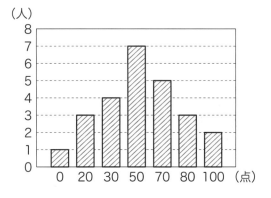

(1) このクラスの人数は何人ですか。

(2) 得点が50点未満だった人はクラス全体の何%ですか。

(3) このクラスの平均点より高い得点の人はクラス全体の何%ですか。

(4) このテストで問題③を正解した人は12人いたそうです。問題①，問題②を正解した人はそれぞれ何人いましたか。

3 ヒストグラム（柱状グラフ）

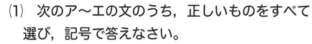

例　題

　右のグラフは，あるクラスの32人が受けた算数のテストの結果を表したものです。

　グラフの斜線部分は，40点以上60点未満の人が8人いることを表しています。

　このとき，次の問いに答えなさい。

（1）　次のア〜エの文のうち，正しいものをすべて選び，記号で答えなさい。

　　ア　いちばん得点が高かった人は99点だった。

　　イ　40点未満の人は6人いた。

　　ウ　40点以上80点未満の人は全体の人数の62.5％だった。

　　エ　このクラスの平均点は60点以上である。

（2）　得点が75点だった人は得点の高い方からかぞえて何番目から何番目までと考えられますか。

解　説

　（1）　ア…グラフからは80点以上100点未満の人が6人いるということしかわからないので，99点の人がいるかどうかはわからない。→✕

　　イ…0点以上20点未満の2人と20点以上40点未満が4人の，合わせて6人が40点未満。→〇

　　ウ…40点以上80点未満の人は，8＋12＝20（人）　クラス全員に対する割合は，20÷32×100＝62.5（％）→〇

　　エ…60点以上の人数の方が60点未満の人数より多いが，このグラフからは平均点が60点以上かどうかはわからない。たとえば，0点が2人，20点が4人，40点が8人，60点が12人，80点が6人とすると平均点は50点になる。→✕　よって，イ，ウが正しい。

　（2）　75点の人は60点以上80点未満の12人にふくまれるので，6＋1＝7（番目）から　6＋12＝18（番目）までと考えられる。

　右のグラフは，ある朝，6年1組の児童
全員の通学にかかった時間を調べてまとめ
たものです。グラフの斜線部分は20分以
上25分未満だった人が3人いたことを表し
ています。

　このとき，次の問いに答えなさい。

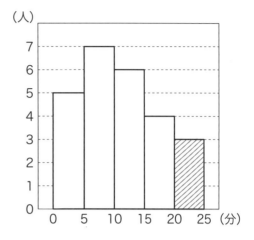

(1)　6年1組の児童は全部で何人いますか。

(2)　次のア～オのうち，正しい文を選び，
　　記号で答えなさい。
　　ア　通学時間が10分以上の人は6人だった。
　　イ　通学時間が10分未満の人数はクラス全体の人数の48％だった。
　　ウ　通学時間が15分の人は通学時間が長い方からかぞえて7番目だった。
　　エ　通学時間が19分の人は通学時間が長い方からかぞえて4番目だった。
　　オ　通学時間の短い方から10番目の人は通学時間が10分以上15分未満だった。

(3)　この朝の通学時間が12分だった人は，通学時間の短い方からかぞえて何番目か
　　ら何番目と考えられますか。

(4)　次のうち，この朝の6年1組の児童の通学時間の平均として考えられるものはど
　　れですか。すべて選んで記号で答えなさい。
　　ア　8.8分
　　イ　12.5分
　　ウ　13.6分
　　エ　14分

練習問題 基本編

答えは別冊34ページ

❶ 右のグラフは，何人かの生徒を対象に，ある日の家での勉強時間を調べてまとめたものです。斜線部分は，家での勉強時間が0.5時間以上1時間未満だった人が4人いることを表しています。このとき，次の問いに答えなさい。

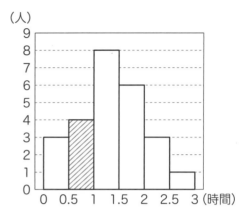

(1) 調べた生徒の人数は何人ですか。

(2) 家での勉強時間が1時間未満だった生徒は全体の何％ですか。

❷ 右のグラフは，あるクラスで行われた算数のテストの結果を表したものです。グラフの斜線部分アは40点以上50点未満の人が5人いることを，斜線部分イは90点以上100点未満だった人が1人いることを表しています。このとき，次の問いに答えなさい。

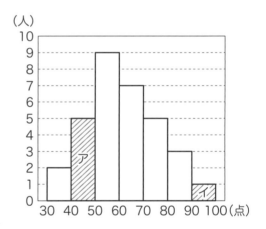

(1) このテストを受けたのは何人ですか。

(2) 70点以上90点未満だった人は全体の何％ですか。

(3) このテストでゆうきさんは67点でした。ゆうきさんは得点の高かった方からかぞえて，何番目から何番目までにいると考えられますか。

(4) 得点はすべて整数でつけられています。全員の平均点はこのグラフからは正確に求められませんが，小数第一位を四捨五入して平均点を求めたとき，次のあ〜えのうち，平均点として考えられないものを1つ選び，あ〜えの記号で答えなさい。

あ 57点　　　い 59点　　　う 65点　　　え 67点

3 右のグラフは，あるクラスで通学に
かかる時間を調べたものです。グラフ
の斜線部分は通学にかかる時間が20
分以上25分未満である人が3人いるこ
とを表しています。

　このとき，次の問いに答えなさい。

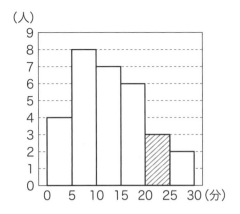

⑴　通学に15分以上かかる人は何人い
ますか。

⑵　通学にかかる時間が10分未満の人は全体の何%ですか。

⑶　通学時間が17分の人は通学時間が長い方からかぞえて何番目から何番目
までと考えられますか。

4 下のグラフは，あるクラス全員で行ったハンドボール投げの測定記録で
す。グラフの斜線部分は，男子のうち，記録が20m以上25m未満だった人
が5人いることを表しています。このとき，あとの問いに答えなさい。

男子の記録　　　　　　　女子の記録

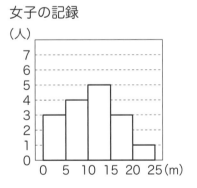

⑴　男子で20m以上投げた人は男子全体の何%ですか。

⑵　女子で18m投げた人はクラス全体の記録が長い方からかぞえて何番目か
ら何番目までだと考えられますか。

⑶　記録が10m未満だった人はクラス全体の何%ですか。

4 | その他のグラフ

あるタクシー会社では，乗車する道のりに対する運賃を右の表のように定めています。

右のグラフは乗車する道のりと運賃の関係を表したものです。

これを見て，次の問いに答えなさい。

(1) 3km乗車すると運賃は何円になりますか。

(2) 2000円で進むことができるのは何kmまでですか。

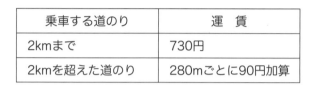

乗車する道のり	運　賃
2kmまで	730円
2kmを超えた道のり	280mごとに90円加算

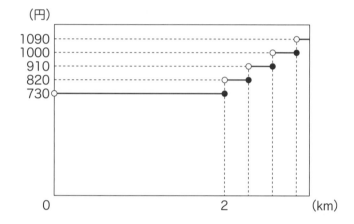

解説 (1) 乗車する道のりと運賃の関係は次のようになります。

乗車する道のり	2km まで	2280m まで	2560m まで	2840m まで	3120m まで	……
運賃（円）	730円	820円	910円	1000円	1090円	……

3km＝3000mだから，<u>1090円</u>

(2) 2000円で何回料金が上がるかを考えます。

2000－730＝1270，1270÷90＝14あまり10より，14(回)料金が上がることがわかります。よって，2＋0.28×14＝<u>5.92(km)まで</u>

＊料金の上がり方がわかりにくいときは，まず900円くらいで確かめてみましょう。

ある駐車場では，駐車料金を次のように定めています。
○　最初の1時間までは500円
○　1時間を超えると30分ごとに100円追加料金がかかる。
つまり，1時間を超えて1時間30分までは600円，1時間30分を超えて2時間までは700円，…となります。
次のグラフは，この駐車時間と駐車料金の関係を表しています。
これを見て，あとの問いに答えなさい。

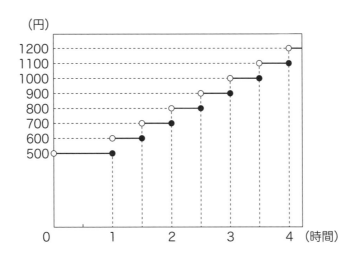

⑴　この駐車場に2時間45分駐車すると，駐車料金は何円になりますか。

⑵　ある人が駐車したところ，駐車料金が1000円ちょうどでした。この人が駐車していた時間として考えられるものを次のア～オの中から選んで記号で答えなさい。
　　ア　2時間50分
　　イ　3時間
　　ウ　3時間10分
　　エ　3時間40分

⑶　この駐車場では1日(駐車し始めてから24時間後まで)の最大料金を2000円と定めています。つまり，駐車し始めてから24時間以内なら，通常の駐車料金が2000円を超える時間駐車をしても料金は2000円ということになります。通常の駐車料金より最大料金2000円の方が安くなるのは駐車時間が何時間何分を超えてからですか。

太いろうそくAと細いろうそくBがあります。長さはどちらも15cmです。ろうそくAに火をつけると120分で燃え尽き、ろうそくBに火をつけると60分で燃え尽きます。ある日、ろうそくAとろうそくBに同時に火をつけ、途中でろうそくBだけ火を消し、しばらくしてからまた火をつけました。右のグラフはそのときの同時に火をつけてからの時間とろうそくの長さの関係を表したものです。

これを見て、次の問いに答えなさい。

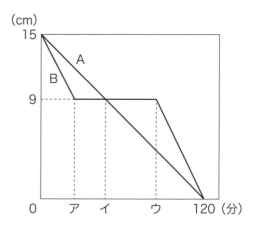

(1) ろうそくAとろうそくBはそれぞれ1分間に何cmずつ短くなりますか。

(2) グラフのア、イ、ウにあてはまる数をそれぞれ求めなさい。

解 説

(1) ろうそくAは15cm短くなるのに120分かかります。

よって、$15 \div 120 = \dfrac{1}{8}$(cm)、または<u>0.125</u>(cm)

ろうそくBは15cm短くなるのに60分かかります。

よって、$15 \div 60 = \dfrac{1}{4}$(cm)、または<u>0.25</u>(cm)

(2) アはろうそくBが、$15 - 9 = 6$(cm)短くなるのにかかる時間だから、$6 \div \dfrac{1}{4} = \underline{24}$(分)　イはろうそくAが6(cm)短くなるのにかかる時間だから、$6 \div \dfrac{1}{8} = \underline{48}$(分)　ろうそくBが9cm短くなるのにかかる時間は、$9 \div \dfrac{1}{4} = 36$(分)だから、ウにあてはまる時間は、$120 - 36 = \underline{84}$(分)

　太いろうそくAと細いろうそくBがあります。長さはどちらも12cmです。ろうそくAに火をつけると90分で燃え尽き，ろうそくBに火をつけると60分で燃え尽きます。ある日，ろうそくAとろうそくBに同時に火をつけ，途中でろうそくBだけ火を消し，しばらくしてからまた火をつけました。次のグラフはそのときの同時に火をつけてからの時間とろうそくの長さの関係を表したものです。

　これを見て，あとの問いに答えなさい。

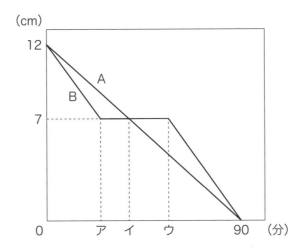

⑴　ろうそくAは1分間に何cmずつ短くなりますか。

⑵　ろうそくBは1分間に何cmずつ短くなりますか。

⑶　グラフのア，イ，ウにあてはまる数をそれぞれ求めなさい。

⑷　ろうそくBの火を消していた時間は何分ですか。

⑸　火をつけたあと，ろうそくAとろうそくBが初めて同じ長さになったのは，ろうそくBの火を消してから何分後ですか。

❶ あるガス会社のガス料金は，ガスを使用してもしなくても毎月基本料金が1000円かかり，ガスを使用すると1m³の使用につき，130円の料金が加算されます。右のグラフはこのガス会社のガスを利用した際のガスの使用量と料金の関係を表したものです。

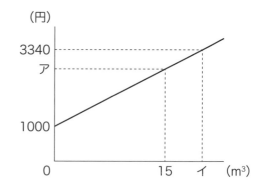

このとき，次の問いに答えなさい。

(1) グラフのアにあてはまる数を求めなさい。

(2) グラフのイにあてはまる数を求めなさい。

❷ ある駐車場では，駐車料金を次のように定めています。
〇最初の1時間までは400円
〇1時間を超えると20分ごとに100円追加料金がかかる。

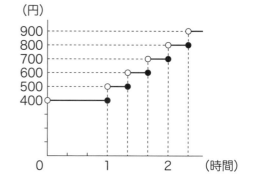

つまり，1時間を超えて1時間20分までは500円，1時間20分を超えて1時間40分までは600円，…となります。右上のグラフは，この駐車場の駐車時間と駐車料金の関係を表しています。

これを見て，次の問いに答えなさい。

(1) この駐車場に3時間駐車すると，料金は何円になりますか。

(2) 1日の最大料金(何時間利用してもそれより多くの料金はかからない)を1500円とします。1日の最大料金の方が通常の駐車料金より安くなるのは，何時間何分より長く駐車したときですか。

3 長さ18cmのろうそくAと長さ15cm
のろうそくBに同時に火をつけたとこ
ろ，火をつけてからの時間とろうそくの
長さとの関係は右の図のようになりまし
た。このとき，次の問いに答えなさい。

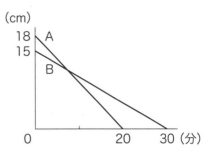

(1) ろうそくAとろうそくBが1分間に短くなる長さをそれぞれ求めなさい。

(2) ろうそくAとろうそくBの長さが等しくなるのは，火をつけてから何分何
秒後ですか。

4 ある町では，公衆浴場(銭湯)に
対する毎月の水道料金が次のよう
に定められています。右のグラフ
は，水道使用量と水道料金の関係
を表したものです。
　このとき，あとの問いに答えな
さい。

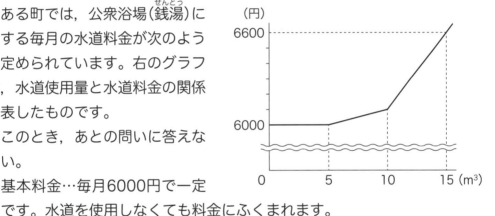

○基本料金…毎月6000円で一定
　です。水道を使用しなくても料金にふくまれます。
○水道使用量に対する料金…毎月の使用量により，次のように変わります。
　㋐　使用量が5m³以内のときは無料
　㋑　使用量が5m³を超えて10m³までは1m³あたり20円
　㋒　使用量が10m³を超えると1m³あたり100円
○水道料金は上の「基本料金」と「水道使用量に対する料金」の合計になりま
　す。1円未満の料金は切り捨てられます。

(1) 1か月の使用量が10m³のときの水道料金は何円ですか。

(2) 1か月の使用量が7.5m³のときと12.5m³のときでは水道料金は何円違いま
　すか。

1　水そうに水が600g入っています。この水そうには食塩水を入れるA管，B管がついていて，A管からはB管の2倍の濃度の食塩水が入ります。この水そうに，はじめの30秒はA管とB管の両方から，次の30秒はB管を閉じてA管だけで，その後はA管を閉じてB管だけで食塩水を入れます。下のグラフは，A管とB管で水そうに食塩水を入れ始めてからの時間と水そう内の食塩水の量との関係を表したもので，105秒後の水そう内の食塩水の濃度は4.5％になります。このとき，あとの問いに答えなさい。

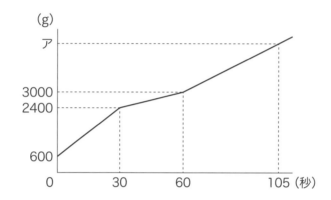

(1)　A管とB管からはそれぞれ毎秒何gの食塩水が入りますか。

(2)　グラフのアにあてはまる数を求めなさい。

(3)　A管，B管から入る食塩水の濃度はそれぞれ何％ですか。

(4)　水そうに食塩水を入れ始めてから60秒後の水そう内の食塩水の濃度は何％ですか。

(5)　水そうに食塩水を入れ始めてから105秒後以降で，水そう内の食塩水の濃度が4.2％になるのは，水そうに食塩水を入れ始めてから何分何秒後ですか。

2 石油ストーブは備え付けられたタンクの中に灯油を入れ，点火することによって灯油を燃やして部屋を暖めます。下のグラフは，石油ストーブAとBに，タンクがいっぱいの状態で点火してからの時間とタンク内に残っている灯油の量との関係を表したものです。これを見て，あとの問いに答えなさい。

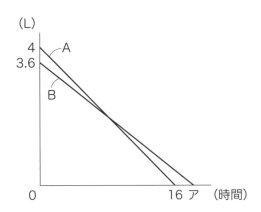

⑴　ストーブAの1時間あたりに使用する灯油の量は何Lですか。

⑵　AとBをタンクがいっぱいの状態で同時に点火したところ，タンク内に残っている灯油の量が8時間で同じになりました。グラフのアにあてはまる数を求めなさい。

⑶　AとBのタンク内に残っている灯油の量の差が0.12Lになるのは点火してから何時間何分後ですか。すべて求めなさい。

⑷　灯油の値段は地域によって異なります。灯油1Lの値段がP地では108円，Q地では120円であるとします。
　①　ストーブAをP地で，ストーブBをQ地で，それぞれ灯油を購入して使用したとき，1時間あたりにかかる灯油の値段はどちらのストーブが何円安いですか。

　②　タンクに3.6L入れた灯油が点火後ちょうど1日でなくなるストーブCを開発しました。ストーブCをQ地で灯油を購入して使用したとき，1時間あたりにかかる灯油の値段は何円ですか。

【つるかめ算】解説

2種類のものがあり，合計の個数はわかっているが，それぞれいくつずつあるのかがわかっていない問題をつるかめ算といいます。過去に代表例として，つるとかめを使った問題で示されていたのでつるかめ算と呼ばれています。

＊本書ではつるかめ算を速さの問題に適用して説明している部分もあるため，ここで解説します。
つるかめ算の発展問題やその他の特殊算については『ミラクル算数 特殊算』（友人社）で詳しく解説していますのでご参照ください。

❶ 一般的なつるかめ算の問題

> 問 つるとかめがいます。頭の数は合わせて20，足の本数は全部で56本です。つるは何羽，カメは何匹いますか。

解説

① まず20匹全部をつるとします。
そうすると，足の数は全部で，2×20＝40（本）になります。

② 足の数は全部で56本のはずなので，56－40＝16（本）少なくなっています。
そこで，つるとかめと交換します。1匹交換すると，足の数は，4－2＝2（本）増えます。

③ 足を16本増やすために，かめと交換すべきつるの数は、16÷2＝8（羽）
よって，かめは8匹になります。残りの20－8＝12（羽）がつるです。

式 2×20＝40
(56－40)÷(4－2)＝8
20－8＝12

答え つる…12羽，かめ…8匹

> **問** 50円硬貨と10円硬貨が合わせて15枚あります。金額の合計は510円です。50円硬貨と10円硬貨はそれぞれ何枚ありますか。

式 10×15＝150 ← 全部10円硬貨としたときの金額
510－150＝360 ← 実際の金額との差
50－10＝40 ← 10円硬貨1枚を50円硬貨に替えたときに増える金額
360÷40＝9 ← 交換すべき10円硬貨の数（50円硬貨になる枚数）
15－9＝6 ← 残った10円硬貨の数

答え 50円硬貨…9枚，10円硬貨…6枚

② 速さの問題で利用できるつるかめ算

> **問** 家から850m離れた駅まで，最初は分速100mで走り始めましたが，疲れたのでとちゅうから分速75mで歩いたところ，全部で10分かかりました。歩いたのは何mですか。

解 説

① 走った時間と歩いた時間の合計が10分なので，10分全部を分速100mで走ったとします。このとき，走る道のりは，100×10＝1000(m)になります。
下の図では，100mの矢印を10本並べています。このとき，実際に進んだ道のりの850mより，1000－850＝150(m)長くなっています。

100m

② 分速100mで走っていた1分を分速75mで走ることにすると，上の図の矢印が1本75mになり，1分で走る道のりが，100－75＝25(m)短くなります。

交換

75m

③ 150÷25＝6より，分速75mで歩いた時間を6分にすればよいことがわかります。よって，歩いた道のりは，75×6＝450(m)です。

式 100×10＝1000
(1000－850)÷(100－75)＝6
75×6＝450

答え 450m

中学受験
ミラクル算数　グラフ問題

2024年4月23日　第1刷発行

著者／深水　洋

発行者／松野　さやか

発行所／株式会社友人社

〒160-0022　東京都新宿区新宿5-18-20-305

電話　03-3208-0788

印刷／株式会社技秀堂　　製本／株式会社明光社

わかる！ とける！ 身につく！

中学受験 ミラクル算数

グラフ問題

深水 洋

別冊（解答）

YUJIN BOOKS

わかる! とける! 身につく!

中学受験 ミラクル算数

グラフ問題

深水 洋

別冊（解答）

第 1 章　速さとグラフ

<table>
<tr><td>

1 単独進行のグラフ

p.10〜p.23
</td></tr>
</table>

類題 1

答え

Ⓐ (1) 720　(2) 分速80m
Ⓑ (1) 15　(2) 22

Ⓐ

(1) アは家から公園までの道のりを表しています。
　　よって，90×8＝720（m）

(2) 公園を出たのは家を出てから，8＋30＝38（分後）
　　帰りにかかった時間は，47−38＝9（分）
　　よって，帰りの分速は，720÷9＝80（m）

Ⓑ

(1) アは家から公園までにかかった時間を表しているの
　　で，2160÷144＝15（分）

(2) さいきさんが公園から家までにかかる時間は，
　　2160÷108＝20（分後）
　　よって，イは，42−20＝22（分）

類題 2

答え

Ⓐ (1) 4分間　(2) ア…6，イ…480
Ⓑ (1) 720m　(2) 8分間

Ⓐ

(1) 家から駅までコンビニに立ち寄らずに歩くと，かか
　　る時間は，720÷80＝9（分）
　　よって，コンビニに立ち寄っていた時間は，13−9＝
　　4（分間）

(2) アは，10−4＝6（分）
　　イは6分間に歩いた道のりなので，80×6＝480（m）

Ⓑ

(1) 公園から家まで走った時間は，18−12＝6（分）
　　よって，120×6＝720（m）

(2) ひなこさんの様子は次の図のようになる。
　　学校から公園までの道のりは，
　　1080−720＝360（m）
　　よって，学校から公園までにかかった時間は，

360÷90＝4（分）
したがって，公園で遊んでいた時間は，
12−4＝8（分間）

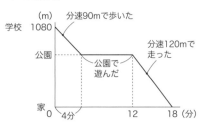

類題 3

答え

Ⓐ (1) 10　(2) 900m
Ⓑ ア…6，イ…20

Ⓐ

(1) 行きと帰りの速さの比は，90：75＝6：5
　　かかる時間の比はその逆比になり，⑤：⑥
　　比の①にあたる時間は，22÷（5＋6）＝2（分）
　　よって，アは，2×5＝10（分）

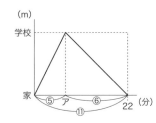

(2) 分速90mで10分歩いたので，90×10＝900（m）

Ⓑ

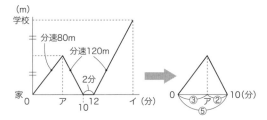

　歩く速さと走る速さの比は，80：120＝2：3
よって，忘れ物に気づくまでの時間と家に戻るまでの時
間の比は，③：②
比の①にあたる時間は，10÷（3＋2）＝2（分）
よって，アは，2×3＝6（分）
また，学校までの道のりの真ん中から家まで走るのにか

かった時間は，2×2＝4（分）

したがって，家から学校まで走ると，4×2＝8（分）かかる。 よって，イは，12＋8＝20（分）

このとき，比の①は，25－22.5＝2.5（分）なので，イは，22.5－2.5×3＝15（分）

ウは，240×15＝3600（m）より，3.6km

類題4

A ア…20，イ…12，ウ…900

B ア…22.5，イ…15，ウ…3.6

A

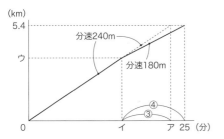

アは，1500÷75＝20（分）

分速75m：分速100m＝3：4

同じ道のりを進むときにかかる時間の比はその逆比になり，④：③

このとき，比の①にあたる時間は，20－18＝2（分）

よって，イは，18－2×3＝12（分）

ウは，75×12＝900（m）

別解 イは，つるかめ算で求めることもできる。

18分全部分速100mで歩くと，進むことができる道のりは，18×100＝1800（m）

実際の道のりとは，1800－1500＝300（m）差がある。

ここで，分速100mを分速75mに変えると1分あたり，100－75＝25（m）短くなるので，道のりを300m短くするには，300÷25＝12（分）を分速75mにすればよい。

よって，イにあてはまる数は12

B

5.4km＝5400m

よって，アは，5400÷240＝22.5（分）

また，分速240m：分速180m＝4：3

同じ道のりにかかる時間の比はその逆比の③：④となるので，次の図のようになる。

類題5

A (1) 毎分75m

(2) 毎分150m以上225m以下

B 毎分60m以上100m以下

A

(1) 750mを，11－1＝10（分）で歩いた。

よって，750÷10＝75（m/分）

(2) 自転車の速さはいちばん遅いときで次の図のア，いちばん速いときでイとなる。

信号機までの道のりは，75×6＝450（m）

よって，アのときの速さは，450÷（7－4）＝150（m/分）

イのときの速さは，450÷（6－4）＝225（m/分）

よって，毎分150m以上225m以下

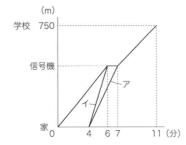

B

兄の歩く速さは毎分，1080÷（17.5－4）＝80（m）

よって，兄が駅から本屋までにかかった時間は，(1080－600)÷80＝6（分）

次の図のように，弟はいちばん遅いときでア，いちばん速いときでイのように歩けば，本屋にいる兄に会える。

アの速さは毎分，600÷（6＋4）＝60（m）

イの速さは毎分，600÷6＝100（m）

よって，弟の速さは，毎分60m以上100m以下

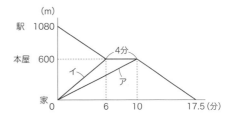

3

練習問題 (基)(本)(編)

答え

❶ (1) 分速140m　(2) 1620m
❷ (1) 分速80m　(2) 22.5分間
❸ (1) 4分間　(2) 900m
　　(3) 毎分75m　(4) 7時46分
　　(5) 毎分72m

❶

(1) 1.4km＝1400m　1400÷10＝140(m/分)
(2) ジョギングしていた時間は休けいの3分間を除き，
　　20－3＝17(分)
　　よって，家からの道のりは，140×17＝2380(m)
　　家から駅までの道のりは，4km＝4000m
　　よって，かなでさんのいる地点から駅までの道のり
　　は，4000－2380＝1620(m)

❷

(1) 1.2km＝1200m　1200÷15＝80(m/分)
(2) 帰りの分速は，80×1.2＝96(m)
　　帰りにかかった時間は，1200÷96＝12.5(分)
　　9時5分から9時40分までは35分なので，
　　35－12.5＝22.5(分間)

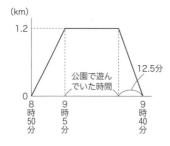

❸

(1) 12－8＝4(分間)
(2) 1500－600＝900(m)
(3) 600÷8＝75(m/分)
(4) ふだんゆうたさんが家から学校までにかかる時間
　　は，1500÷75＝20(分)
　　よって，ふだん学校に着く時刻は，7時50分＋20分
　　＝8時10分
　　この日はふだんより3分遅く着いたので，学校に着い
　　た時刻は8時13分
　　家を出たのはその27分前なので，7時46分
(5) ゆうたさんが文具店から学校まで歩く速さは，
　　(1500－600)÷(27－12)＝60(m/分)
　　弟に追い越されたのはゆうたさんが学校に着く，360
　　÷60＝6(分前)

よって，弟は360mを，6－1＝5(分)で歩く。
これより，弟の歩く速さは，360÷5＝72(m/分)

練習問題 (発)(展)(編)

答え

❶ (1) ア…11時15分　　イ…70
　　(2) 時速70km
　　(3) 13時，15時12分
　　(4) 1時間18分
❷ (1) 800m
　　(2) 320m
　　(3)

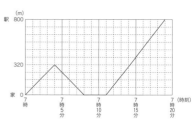

　　(4) 午前7時21分
　　(5) 3分

❶

(1) 公園で1時間休けいをとったので，アは11時15分。
　　学校から海までバスが走っていた時間は，3時間15分
　　－1時間＝2時間15分　よって，バスの行きの速さは
　　時速，$126÷2\frac{15}{60}＝56$(km)

　　これより，イは，$56×1\frac{15}{60}＝70$(km)

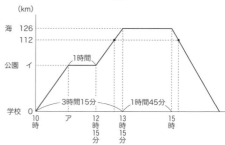

(2) 56×1.25＝70(km/時)
(3) 上のグラフからわかるように，学校から112kmの
　　地点を走っていたのは行きと帰りに公園と海の間でそ
　　れぞれ1回ずつある。

　　(行き)　$(126－112)÷56＝\frac{1}{4}$(時間)

　　　　　$\frac{1}{4}$時間$＝60×\frac{1}{4}＝15$(分)

13時15分−15分＝13時

（帰り）　$(126-112)÷70=\dfrac{1}{5}$（時間）

$\dfrac{1}{5}$ 時間＝$60×\dfrac{1}{5}=12$（分）

15時＋12分＝15時12分

(4)　この日，海から学校まで帰るのにかかった時間は，

$126÷70=1\dfrac{4}{5}$（時間）

$60×\dfrac{4}{5}=48$（分）なので，1時間48分

行きと同じ速さでバスが海から学校まで戻ると，かかる時間は，バスが行きに走っていた時間と等しく，2時間15分

よって，海にいることができる時間は，2時間15分−1時間48分＝27（分）少なくなる。

この日，海にいた時間は，15時−13時15分＝1時間45分だから，求める時間は，

1時間45分−27分＝1時間18分

2

(1)　分速80mで10分かかるので，80×10＝800（m）

(2)　80×4＝320（m）

(3)　横じくの1目盛りは1分。たてじくの1目盛りは，800÷10＝80（m）

家からふたたび駅に向かうときの速さは分速100mだから，2度目に家を出てから駅までにかかる時間は，800÷100＝8（分）

駅に着くのは，午前7時＋4分＋4分＋3分＋8分＝午前7時19分になる。

(4)　電車の発車時刻は7時11分以降，7時16分，7時21分，……となる。

しょうさんは駅に午前7時19分に駅に着くので，午前7時21分の電車に乗ることができる。

(5)　ポストから引き返した地点までの道のりは，320−200＝120（m）

よって，片道120mを分速80mで往復するのにかかる時間を求めればよい。

120×2÷80＝3（分）

2 旅人算とグラフ

p.24〜p.37

類題1

答え

Ⓐ　(1)　毎分80m
　　(2)　ア…5，イ…400
Ⓑ　ア…2，イ…220

Ⓐ

(1)　10分で800mを歩いたので，800÷10＝80（m/分）

(2)　お兄さんが家を出たとき，Aさんは家から，80×3＝240（m）進んでいる。よって，お兄さんがAさんに追いつくのは，お兄さんが家を出てから，240÷(200−80)＝2（分後）

アはAさんが家を出てからお兄さんに追いつかれるまでの時間なので，3＋2＝5（分）

イは家からAさんが追いつかれた地点までの道のりなので，80×5＝400（m）

Ⓑ

ゆうたさんの歩く速さは毎分，(500−80)÷6＝70（m）

こうたさんが80m前にいるゆうたさんに追いつくのは，走り始めてから，80÷(110−70)＝2（分後）…ア

イはこうたさんが走り始めてからゆうたさんに追いつくまでに走った道のりを表しているので，110×2＝220（m）

類題2

答え

Ⓐ　(1)　1050m
　　(2)　兄…分速105m，弟…分速70m
Ⓑ　(1)　姉…分速120m，妹…分速80m
　　(2)　480m

Ⓐ

(1)　次の図で，斜線をつけた2つの三角形は相似（拡大図と縮図の関係）で，対応する辺の比は3：2

このとき，高さの比も3：2なので，家から駅までの道のりは，630÷3×(3＋2)＝1050（m）

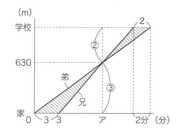

(2) 630m進むのにかかる時間は，兄が，9−3=6
（分），弟が9分
よって，兄の分速は，630÷6＝105(m)
弟の分速は，630÷9＝70(m)

Ⓑ

(1) 妹が学校に着いたのは，家を出てから，7+2=9
（分後）　よって，妹の分速は，720÷9＝80(m)
姉は，7−1＝6（分）で720mを歩いたので，分速は，
720÷6＝120(m)

(2) 次の図の斜線をつけた三角形は相似で，対応する辺
の比は1：2
よって，ア：イも1：2となる。イが求める道のりと
なる。
イ＝720÷(2+1)×2＝480(m)

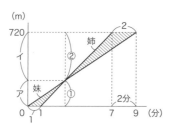

類題3

Ⓐ

(1) お母さんが家を出るまでにこゆきさんが歩いた道の
りは，80×2＝160(m)
よって，840−160＝680(m)

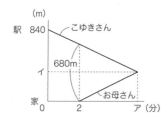

(2) お母さんが家を出てからこゆきさんと出会うまでの
時間は，680÷(80+90)＝4(分)
よって，アは，2+4＝6(分)
イはお母さんが4分で歩いた道のりなので，90×4＝
360(m)

Ⓑ

次の図で，ウにあたる道のりは，960−70×(15−
12)＝750(m)
しょうさんの歩く速さは，960÷12＝80(m/分)
よって，図のエにあたる時間は，750÷(80+70)＝5
(分)
したがって，アは，15+5＝20(分)
イは，70×(20−12)＝560(m)

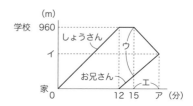

類題4

Ⓐ

(1) みかさんはお兄さんが出発するまでの6分間に
480m歩いた。
よって，みかさんの分速は，480÷6＝80(m)
お兄さんはみかさんが10分で歩いた道のりを，10−
6＝4(分)で走った。
よって，お兄さんの自転車の分速は，80×10÷4＝
200(m)

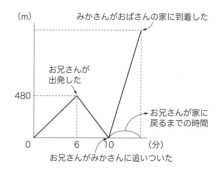

(2) お兄さんがみかさんに追いついてから家に戻るまで

の時間は，4(分)

よって，みかさんがおばさんの家に到着するのは，家を出てから，10＋4＝14(分後)

したがって，みかさんの家からおばさんの家までの道のりは，80×14＝1120(m)

❸

姉が止まっていたのは，9－6＝3(分)

この間に妹が歩いた道のりは，840－600＝240(m)

よって，妹の分速は，240÷3＝80(m)

また，姉と妹の分速の差は6分で840mの差がついたことより，840÷6＝140(m)

よって，姉の自転車の速さは，80＋140＝220(m/分)

600m離れたところから，自転車の姉と妹が同時に向かい合って進むと，出会うまでにかかる時間は，600÷(220＋80)＝2(分)

よって，アにあてはまる時間は，9＋2＝11(分)

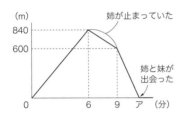

練習問題 基本編

答え

❶ (1) A…時速75km，B…時速45km
(2) 1時間15分後

❷ (1) 毎分70m (2) 毎分112m

❸ 4.8分後，432m

❹ (1) めいさん…毎分150m
おばあさん…毎分90m
(2) 15分後，1350m
(3) $33\frac{3}{4}$分後，1462.5m
(4) 45分後，450m

❺ (1) 18分間 (2) 22.5分後
(3) 18分後

❻ (1) 兄…分速100m，弟…分速60m
(2) 31分45秒後

❼ (1) ア…640，イ…400，ウ…240
(2) 毎分100m (3) 7時21分
(4) 7時14分40秒

❶

(1) A…150÷2＝75(km/時)，

B…150÷$3\frac{1}{3}$＝45(km/時)

(2) 150÷(75＋45)＝$1\frac{1}{4}$(時間)

$\frac{1}{4}$時間は，60×$\frac{1}{4}$＝15(分)

よって，すれ違うのは1時間15分後

❷

(1) はじめの3分間は弟が歩いているだけなので，弟の速さは，210÷3＝70(m/分)

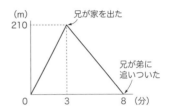

(2) 兄は弟が家を出てから3分後に家を出て，210m前を歩いている弟に，8－3＝5(分)で追いついた。このことから，兄と弟の分速の差は，210÷5＝42(m)

よって，兄の速さは，70＋42＝112(m/分)

❸

姉の分速は，720÷8＝90(m) 妹の分速は，720÷12＝60(m)

よって，2人がすれ違ったのは姉が家を出てから，720÷(90＋60)＝4.8(分後)

家からすれ違った地点までの道のりは，90×4.8＝432(m)

別解 次の図の斜線をつけた三角形は相似で，相似比(対応する辺の比)は，8：12＝2：3

図より，2人がすれ違ったのは姉が家を出てから，

8×$\frac{3}{5}$＝$4\frac{4}{5}$(分後) 家からすれ違った地点までの道

のりは，720×$\frac{3}{5}$＝432(m)

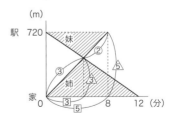

❹

(1) めいさんの走る速さ…1800÷12＝150(m/分)
おばあさんの歩く速さ…1800÷20＝90(m/分)

(2) 次の図で，斜線をつけた相似な三角形ア，イの相似

比（対応する辺の比）は，$(20-12):24=1:3$

よって，ウにあたる時間は，$20\times\dfrac{3}{3+1}=15$（分）

エにあたる道のりは，$1800\times\dfrac{3}{3+1}=1350$（m）

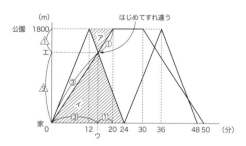

はじめてすれ違う

別解 2人が出発して12分後の2人の間の道のりは，
$1800-90\times12=720$（m）　$720\div(150+90)=3$
（分）より，2人が初めてすれ違うのは家を出てから，
$12+3=15$（分後）　家からすれ違う地点までの道の
りは，$90\times15=1350$（m）

(3) 次の図で，斜線をつけた相似な三角形ア，イの相似
比は，$(36-30):(50-24)=3:13$

よって，図の⑬にあたる時間は，

$(36-24)\times\dfrac{13}{13+3}=\dfrac{39}{4}=9\dfrac{3}{4}$（分）

したがって，ウにあたる時間は，

$24+9\dfrac{3}{4}=33\dfrac{3}{4}$（分）

エにあたる道のりは，$1800\times\dfrac{13}{13+3}=1462\dfrac{1}{2}$（m）

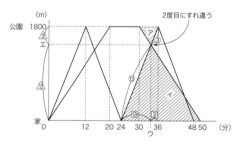

2度目にすれ違う

別解 2人が出発してから30分後の2人の間の道のり
は，$1800-150\times(30-24)=900$（m）　そのときか
ら2回目にすれ違うまでにかかる時間は，$900\div$
$(150+90)=3.75$（分）　よって，2人が家を出てか
ら，$30+3.75=33.75$（分後）　家からすれ違う地点
までの道のりは，$150\times(33.75-24)=1462.5$（m）

(4) 次の図で，斜線をつけた相似な三角形ア，イの相似
比は，$(36-30):(50-48)=3:1$

よって，図の③にあたる時間は，

$(48-36)\times\dfrac{3}{3+1}=9$（分）

したがって，ウにあてはまる時間は，$36+9=45$（分）

エにあたる道のりは，$1800\times\dfrac{1}{3+1}=450$（m）

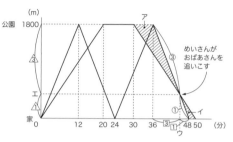

めいさんが
おばあさんを
追いこす

別解 2人が出発して36分後の2人の間の道のりは，
$90\times(36-30)=540$（m）　そのときからめいさんが
おばあさんを追いこすまでにかかる時間は，$540\div$
$(150-90)=9$（分）　よって，2人が家を出てから，
$36+9=45$（分後）　家から追いこした地点までの道
のりは，$150\times(48-45)=450$（m）

❺

(1) 姉は同じ速さで往復したので，往復にかかった時間
は，$30\times2=60$（分）　よって，A地点で休んでいた時
間は，$78-60=18$（分）

(2) 次の図で，斜線をつけた相似な三角形ア，イの相似
比は，$90:30=3:1$　よって，ウにあてはまる時間
は，$90\times\dfrac{1}{1+3}=22\dfrac{1}{2}$（分）

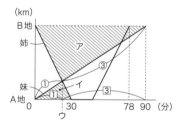

(3) 姉がA地を出発したのはB地を出発してから，$30+$
$18=48$（分後）

次の図で，斜線をつけた相似な三角形ア，イの相似
比は，$(90-78):48=1:4$　①にあたる時間が求め
る時間なので，$90\times\dfrac{1}{4+1}=18$（分）

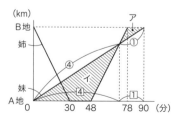

❻

(1) 弟は公園までの1200mを20分で歩いたので，分速

は，1200÷20＝60(m)

兄は次の図のように，弟が公園に着いてから，8－4 ＝4(分後)に駅に着いた。

よって，兄の分速は，1800÷(24－6)＝100(m)

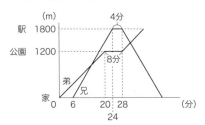

⑵ 兄が駅を出たとき，ちょうど弟は公園を出発した。 このとき，2人の間の道のりは，1800－1200＝600 (m)　よって，そのときから2人がすれ違うまでにか

かる時間は，600÷(100＋60)＝$3\frac{3}{4}$(分)

したがって，弟が家を出てから，

$28＋3\frac{3}{4}＝31\frac{3}{4}$(分後)

$\frac{3}{4}$分は，$60×\frac{3}{4}＝45$(秒)なので，31分45秒後

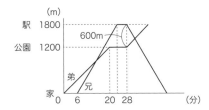

❼

⑴ 兄と弟の進行の様子は次の図のようになる。

ア…兄が8分間に歩いた道のりなので，80×8＝640 (m)

イ…兄が弟とすれ違ったときの家からの道のり。アの 地点から3分間歩いて戻っているので，640－80 ×3＝400(m)

ウ…兄は弟とすれ違ってからさらに2分間歩いて戻っ ているので，400－80×2＝240(m)

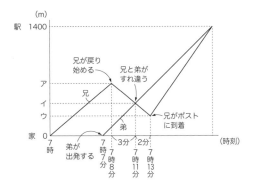

⑵ 11－7＝4(分)で400m歩いたので，400÷4＝100 (m/分)

⑶ 弟が1400m歩くのにかかる時間は，1400÷100＝ 14(分)

7時7分＋14分＝7時21分

⑷ 兄の走る速さは，(1400－240)÷(21－13)＝ 145(m/分)　兄が弟との間の道のりを300m縮める

のにかかる時間は，300÷(145－100)＝$6\frac{2}{3}$(分)

$\frac{2}{3}$分は，$60×\frac{2}{3}＝40$(秒)なので，6分40秒

2人は7時21分に同時に駅に着いたので，300mの差 があったのは，その6分40秒前の7時14分20秒

練習問題 発展編

答え

1 ⑴ かいとさんの自転車の速さ…時速 15km，お父さんのジョギングの速 さ…時速9km，タクシーの速さ… 時速51km

⑵ 23分20秒後　⑶ $48\frac{4}{7}$分

2 ⑴ 分速150m　⑵ 分速70m

⑶ 8時9分　⑷ 840m

1

⑴ グラフより，かいとさんの自転車の分速は，20÷

80＝$\frac{1}{4}$(km)　よって，時速は，$\frac{1}{4}×60＝15$(km)

お父さんのジョギングの分速は，3÷20＝$\frac{3}{20}$(km)

よって，時速は，$\frac{3}{20}×60＝9$(km)

タクシーの分速は，(20－3)÷(40－20)＝$\frac{17}{20}$(km)

よって，時速は，$\frac{17}{20}×60＝51$(km)

⑵ 同じ道のりを進むとき，速さの比とかかる時間の比 は逆比になる。タクシーと自転車の速さの比は⑴よ り，51：15＝17：5

よって，タクシーが自転車を追いこした地点から海岸 まで行くのにかかる時間の比は5：17となり，次の図 のようになる。

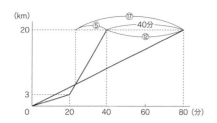

とタクシーの速さの比は，9：51＝3：17なので，同じ道のりにかかる時間の比は17：3となる。よって，前のグラフの③は，$\left(\dfrac{400}{3}-80\right)\times\dfrac{3}{17-3}=\dfrac{80}{7}$（分）

よって，ア＝$80-\dfrac{80}{7}=\dfrac{480}{7}$（分）

これより，$\dfrac{480}{7}-20=48\dfrac{4}{7}$（分）

80－40＝40（分）が比の，17－5＝12にあたるので，比の⑤にあたる時間は，

$40÷12×5=\dfrac{50}{3}=16\dfrac{2}{3}$（分）　よって，2人が家を出てから，$40-16\dfrac{2}{3}=23\dfrac{1}{3}$（分後）

$\dfrac{1}{3}$分は，$60×\dfrac{1}{3}=20$（秒）だから，23分20秒後

(3) お父さんの進行の様子は次のグラフのようになるので，アにあたる時間をつるかめ算を利用して求める。

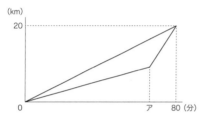

80分全部タクシーに乗ったとすると進める道のりは，$\dfrac{17}{20}×80=68$（km）

実際には20kmしか進んでいないので，68－20＝48（km）長い。1分をタクシーからジョギングに変えると，$\dfrac{17}{20}-\dfrac{3}{20}=\dfrac{7}{10}$（km）短くなるので，48km短くするには，$48÷\dfrac{7}{10}=\dfrac{480}{7}=68\dfrac{4}{7}$（分）をジョギングにすればよい。これがアにあたる時間になる。よって，求める時間は，$68\dfrac{4}{7}-20=48\dfrac{4}{7}$（分）

（別解）

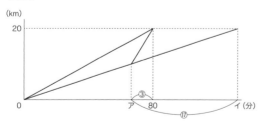

上のグラフのイは20kmをジョギングしたときにかかる時間で，イ＝$20÷\dfrac{3}{20}=\dfrac{400}{3}$（分）　ジョギング

2

(1) 2人が進む様子をグラフに書き入れると次のようになる。

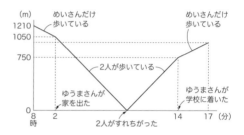

上のグラフより，2人は14－2＝12（分）で，1050m離れたところから向かい合って進み，すれちがった後に750m離れた。つまり，12分で合わせて，1050＋750＝1800（m）進んだことになる。

よって，2人の分速の和は，1800÷12＝150（m）

(2) めいさんの歩く速さは，（1210－1050）÷2＝80（m/分）

2人の分速の和は(1)より150mとわかっているので，ゆうまさんの歩く速さは，150－80＝70（m/分）

(3) 2人がすれちがったのは，ゆうまさんが家を出てから，1050÷150＝7（分後）

よって，2＋7＝9より，8時9分

(4) ゆうまさんが歩いていた時間は，14－2＝12（分）

よって，70×12＝840（m）

3 | ダイヤグラム

p.38～p.47

類題1

答え

(1) 電車…分速1200m　バス…分速750m

(2) 36回　(3) 22.5分　(4) $5\dfrac{7}{13}$km

(1) 9km＝9000mなので，電車の分速は，9000÷7.5

=1200(m)

バスの分速は、9000÷12=750(m)

(2) 次の図の○印をつけたところですれ違う。午前9時から60分後にふたたび電車がA駅を、バスがB駅を同時に出発するので、60分すなわち1時間周期で同じ状態がくり返されることがわかる。最初の1時間で○印は4回あり、午前9時から午後6時まで9時間あるので、電車とバスがすれ違う回数は全部で、4×9=36(回)

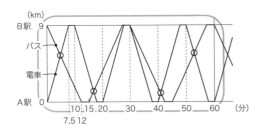

(3) 午前9時から10時までの1時間に同じ駅に同時に停車している時間はグラフから、午前9時27.5分から午前9時30分までの2.5分とわかる。よって、午前9時から午後6時までの9時間で、2.5×9=22.5(分)

(4) 右の図は、午前9時12分までのグラフを拡大したものである。

かげをつけた2つの三角形は相似(拡大図・縮図の関係)で、対応する辺の比(相似比)は、7.5:12=5:8である。かげをつけた三角形の高さの比も5:8になるので、A駅からすれ違った地点まで

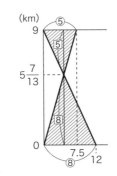

の道のりは、$9 \times \dfrac{8}{5+8} = 5\dfrac{7}{13}$(km)

類題2

答え

Ⓐ (1) 午前6時35分
　 (2) 午前7時6分40秒
Ⓑ (1) 午前6時11分15秒
　 (2) 午前6時47分30秒

Ⓐ
(1) グラフから読み取る。
(2) 次の図のようになる。
斜線部分の三角形は相似で、ア:イ=1:5
よって、ウ:エ、オ:カも1:5になる。

横じくの1目もりは5分なので、オにあたる時間は、

$10 \div (1+5) = \dfrac{10}{6} = 1\dfrac{2}{3}$(分)

1分は60秒なので、$\dfrac{2}{3}$分は、$60 \times \dfrac{2}{3} = 40$(秒)

よって、午前7時5分の1分40秒後の午前7時6分40秒

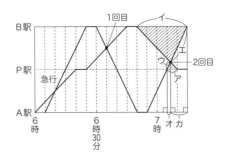

Ⓑ
(1) 右の図は、午前6時から6時15分までのグラフを拡大したものである。斜線をつけた2つの三角形は相似で、ア:イ=3:1なので、ウ:エ=オ:カ=3:1

よって、オにあたる時間は、

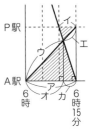

$15 \times \dfrac{3}{3+1} = \dfrac{45}{4} = 11\dfrac{1}{4}$(分)

$\dfrac{1}{4}$分は、$60 \times \dfrac{1}{4} = 15$(秒)なので、はじめてすれ違う

時刻は、午前6時11分15秒

(2) 右の図は、午前6時40分から6時55分までのグラフを拡大したものである。斜線をつけた2つの三角形はア:イ=1:1なので、合同な図形である。

よって、ウ:エ=オ:カ=1:1

オにあたる時間は、15÷2=7.5(分)

0.5分は、60×0.5=30(秒)なので、特急電車が普通電車をはじめて追い越す時刻は、午前6時40分+7分30秒=午前6時47分30秒

類題 3

答え

(1) 普通電車…分速1500m
急行電車…分速2000m

(2) 2.5分

(3) ア…15, イ…18, ウ…23, エ…24,
オ…27

(4) $7\frac{5}{7}$km (5) $5\frac{1}{7}$分後

(6) 29分後

(1) 普通電車…9000÷6=1500(m/分)
急行電車…18000÷9=2000(m/分)

(2) 20.5−9×2=2.5(分)

(3) ア…9+6=15   イ…15+3=18   ウ…20.5
+2.5=23   エ…18+6=24   オ…24+3=27

(4) 急行電車と普通電車の速さの比は, 2000：1500
=4：3 同じ時間に走る道のりの比も4：3になる
ので, 次の図のようになる。A駅からはじめてすれ違
う地点までの道のりは, $18×\frac{3}{4+3}=7\frac{5}{7}$(km)

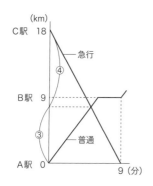

(5) 普通電車が$7\frac{5}{7}$kmを進むのにかかる時間を求めれ

ばよい。よって, $7\frac{5}{7}×1000÷1500=\frac{54×1000}{7×1500}=$

$5\frac{1}{7}$(分後)

(6) グラフの数値は次の図のようになる。
急行電車と普通電車の速さの比は4：3なので, 同じ
道のりにかかる時間の比はその逆比の3：4になる。
急行電車が普通電車を追い越してからA駅に着くまで
同じ道のりを進んでいて, かかった時間の差は, 33
−32=1(分) よって, 急行電車が普通電車を追い越
してからA駅に着くまでにかかった時間は, 1×3=3
(分) したがって, 始発が発車してから, 32−3=
29(分後)

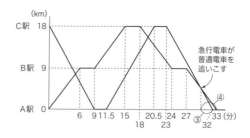

練習問題 基本編

答え

❶ (1) 4台 (2) 34回

❷ (1) 急行電車…時速90km
普通電車…時速72km

  (2) 9 (3) 3分後 (4) 6km

❸ (1) 3km (2) 分速120m

  (3) 11時10分

  (4) 11時35分, 3000m

❶

(1) 次の図で, A駅から発車する●印の4台。

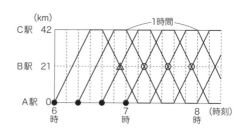

(2) グラフは上の図の午前7時から8時までの形が午前7
時から午後6時までの11時間ずっと繰り返される。B
駅では, 午前7時から8時までに○印の3回, 午前6時
から7時までには△印の1回すれ違うので, 全部で, 3
×11+1=34(回)すれ違う。

❷

(1) 急行電車は, 17−5=12(分)で18km進む。60÷
12=5より, 時速, 18×5=90(km)
普通電車は5分で6km走っている。60÷5=12より,
時速, 6×12=72(km)

(2) 急行電車がA駅からC駅までにかかる時間は, 6÷
90=$\frac{1}{15}$(時間) $\frac{1}{15}$時間は, 60×$\frac{1}{15}$=4(分)だか
ら, アにあてはまる時間は, 5+4=9(分)

(3) C駅からB駅までの道のりは12kmで, A駅とC駅の
間の道のりの2倍なので, 普通電車は, 5×2=10

(分)かかる。よって，普通電車がC駅を出発するのは
A駅を出発してから，22−10＝12(分後)　よって，
急行電車がC駅を通過してから，12−9＝3(分後)
⑷ 普通電車は，急行電車がB駅に着いてから5分後に
B駅に着く。普通電車が5分で走る道のりはA駅とC駅
の間と同じ6kmである。

❸

⑴ 次の図のグラフで，イにあたる道のりを求める。

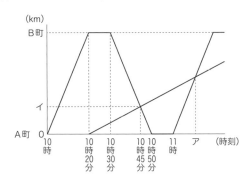

しょうたさんの速さが分かっていないのでバスの速さ
を使って考える。イは，バスが，50−45＝5(分)で

走った道のりにあたるので，$36×\frac{5}{60}=3$(km)

⑵ しょうたさんの自転車は3kmを，45−20＝25(分)
で走っているので，その分速は，3000÷25＝120
(m)

⑶ バスの分速は，36000÷60＝600(m)
11時にしょうたさんはA町から，120×40＝4800
(m)離れているので，11時にA町を出発したバスが
しょうたさんに追いつくのは，4800÷(600−120)
＝10(分後)　よって，11時10分

別解 バスと自転車の速さの比は，600：120＝5：
1　同じ道のりを進むとき，かかる時間の比と速さの
比は逆比となり，1：5
この比の，5−1＝4にあたるのが11時−10時20分＝
40分なので，比の1にあたる時間は，40÷4＝10
(分)　よって，11時10分

⑷ バスが2度目にB町を出発するのは11時30分で，こ
のとき，しょうたさんはA町から，120×70＝8400
(m)のところを走っている。
A町とB町の間の道のりは，600×20＝12000(m)な
ので，11時30分にB町を出発するバスとしょうたさ
んの間の道のりは，12000−8400＝3600(m)
3600÷(600＋120)＝5(分)より，2回目にすれ違う
のは11時35分。また，すれ違う地点からB町までの
道のりは，バスが5分間に走った道のりなので，600
×5＝3000(m)

答え

❶
⑴　3台
⑵　A駅からB駅まで…24km，
　　B駅からC駅まで…48km
⑶　50分
⑷　時速36km以上時速48km以下

❷
⑴　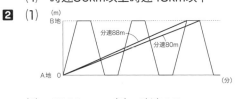

⑵　3520m　　⑶　時速44km

⑷　$12\frac{1}{7}$分後　　⑸　分速200m以上

❶

⑴ 6時にA駅，C駅をそれぞれ発車する2台と6時30分
にA駅を発車する1台の合計3台。

⑵ 横軸の1目もりは10分。A駅からB駅まで20分か
かっているので，A駅からB駅までの道のりは，72×

$\frac{20}{60}=24$(km)　また，たて軸で比べるとB駅からC駅

までの道のりはA駅からB駅までの道のりの2倍なの
で，24×2＝48(km)

⑶ せいなさんがA駅に着くのは5時55分。その後A駅
を6時に発車する電車でC駅に7時20分に着く。ま
た，10時に家に戻るにはA駅に9時50分までに戻らな
ければならない。A駅に9時30分に着く電車が最も遅
く，この電車はC駅を8時10分に発車する。
よって，C駅にいることができる時間は最大で，8時
10分−7時20分＝50(分)

⑷ せいなさんがA駅に着くのは6時40分。次にA駅を
発車する電車は7時40分発で，B駅には8時から8時
20分まで停車している。ゆうなさんのお父さんの自
動車がC駅を通過するのは家を出た5分後の7時で，
次の図のアイの間にB駅に着けばよい。B駅からC駅
までの道のりは48kmなので，イのときの時速は，48

$÷1\frac{20}{60}=36$(km)　アのときの時速は，48÷1＝48

(km)　よって，時速を36km以上48km以下にしなけ
ればならない。

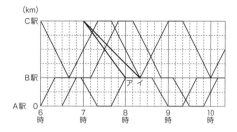

2

(2) あらたさんがA地からB地まで歩くとき，速さの比とかかる時間の比は逆比になるので，分速88mと分速80mで歩くときにかかる時間の比は，80：88＝⑩：⑪　この比の①がかかった時間の差の4分にあたるので，分速88mで歩いたときにかかる時間は，4×10＝40（分）　よって，A地からB地までの道のりは，88×40＝3520（m）

(3) バスは，A地とB地の間の片道5回分の，3520×5＝17600（m）を，40−4×4＝24（分）で走っている。よって，バスの時速は，$17.6 ÷ \frac{24}{60} = 44$（km）

(4) 次の図のウにあてはまる時間を求めればよい。バスがA地からB地までにかかる時間は，24÷5＝4.8（分）次の図のかげをつけた三角形の相似比は，13.6：(40−8.8)＝17：39　よって，ウにあてはまる時間は，$40 × \frac{17}{17+39} = 12\frac{1}{7}$（分後）

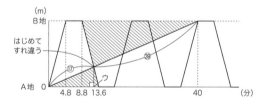

(5) 次の図のように，バスが2度目にA地を出発するのは，お兄さんがA地を出発してから，13.6＋4＝17.6（分後）　お兄さんの自転車がこのときB地に着くように走ると，分速，3520÷17.6＝200（m）になるので，このときまでにB地に着くようにするには，自転車の速さを分速200m以上にしなければならない。

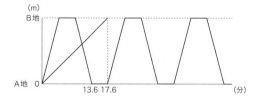

<table><tbody><tr><td>**4**</td><td>流水算とグラフ</td></tr></tbody></table>

p.48〜p.57

類題1

> **答え**
> Ⓐ (1) A地
> 　 (2) 川の流れの速さ…分速80m
> 　　　船の静水時の速さ…分速240m
> Ⓑ (1) B地
> 　 (2) 川の流れの速さ…分速50m
> 　　　船の静水時の速さ…分速350m

Ⓐ
(1) B地からA地までよりA地からB地までの方がかかる時間が短い。　よって，A地が上流にある。
(2) 下りの速さは分速，4000÷12.5＝320（m）上りの速さは分速，4000÷(42.5−17.5)＝4000÷25＝160（m）　下の図のようになるので，川の流れの速さは分速，(320−160)÷2＝80（m）船の静水時の速さは分速，80+160＝240（m）

船の静水時の速さ ├─ 分速160m ─┤
川の流れの速さ　　　　　　　　　　分速320m

Ⓑ
(1) B地からA地へ行く方がかかる時間が短いので上流にあるのはB地。
(2) 下りは分速，3600÷(21−12)＝400（m）上りは分速，3600÷12＝300（m）　よって，川の流れの速さは分速，(400−300)÷2＝50（m）船の静水時の速さは分速，50+300＝350（m）

類題2

> **答え**
> Ⓐ (1) 毎分75m　(2) 毎分225m
> 　 (3) 2760m
> Ⓑ 船の静水時の速さ…分速270m
> 　 川の流れの速さ…分速90m

Ⓐ
(1) C地からD地までは川の流れの速さで流されたので，川の流れの速さは毎分，(1200−1050)÷(10−8)＝75（m）
(2) 船の最初の上りの速さは毎分，1200÷8＝150

(m)

よって，静水時の速さは毎分，150＋75＝225(m)

(3) A地を出発してから10分後から16分後までの6分間
の船の静水時の速さは，225×1.6＝360(m/分)
このときの上りの速さは，360−75＝285(m/分)
よって，D地からB地までの道のりは，285×6＝
1710(m)　したがって，B地はA地から，1050＋
1710＝2760(m)上流にある。

Ｂ

川の流れの速さは分速，2700÷(35−5)＝90(m)
B地からC地までの船の下りの速さは分速，(4500−
2700)÷5＝360(m)
このときの船の静水時の速さは，360−90＝270(m)

類題3

答え

(1)　毎分50m　　(2)　毎分250m
(3)　1.08倍　　(4)　6分後，1800m下流

(1)　A船は出発して4分後から8分後までの4分間に，
1800−1600＝200(m)流された。
よって，川の流れの速さは毎分，200÷4＝50(m)

(2)　B船は8分で1600m上っているので，上りの速さは
毎分，1600÷8＝200(m)
よって，静水時の速さは毎分，200＋50＝250(m)

別解　A船の下りの速さを利用して求めることもでき
る。(3000−1800)÷4−50＝250(m/分)

(3)　故障した後の下りの速さは毎分，1600÷(13−8)
＝320(m)　このときの船の静水時の速さは毎分，
320−50＝270(m)
よって，270÷250＝1.08(倍)

(4)　A船の最初の下りの速さは毎分，250＋50＝300
(m)　よって，2つの船がすれ違うのは，3000÷
(300＋200)＝6(分後)　P地からすれ違う地点まで
の距離は，300×6＝1800(m)

練習問題 (基)(本)(編)

答え

❶ (1)　A地
(2)　静水時の船の速さ…分速400m
川の流れの速さ…分速100m
(3)　22.5分後，11250m離れたところ
❷ (1)　分速80m
(2)　375

❸ (1)　行きの速さ…分速400m,
帰りの速さ…分速480m
(2)　分速450m
❹ (1)　A地　　(2)　1：7　　(3)　12分後

❶

(1)　かかった時間が短い方が下り。よって，A地の方が
上流にある。

(2)　下りの速さは分速，18000÷36＝500(m)
上りの速さは分速，18000÷60＝300(m)
下の図のようになるので，
川の流れの速さは分速，(500−300)÷2＝100(m)
静水時の船の速さは分速，100＋300＝400(m)

(3)　18000÷(500＋300)＝22.5(分後)
500×22.5＝11250(m)

別解　次のグラフで，相似な三角形ア，イの相似比
は，36：60＝3：5　よって，すれ違うのは，36×
$\dfrac{5}{8}$＝22$\dfrac{1}{2}$(分後)　A地からの道のりは，18000×$\dfrac{5}{8}$
＝11250(m)

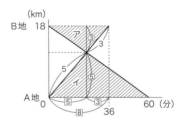

また，すれ違うまでの時間だけを求めるのであれ
ば，次のようにして求めることもできる。
同じ道のりを進むときの下りと上りの時間の比が，
36：60＝3：5であることから，A地からすれ違う地
点までにかかる時間の比も3：5になる。
次の図のように表せるので，ウにあてはまる時間は，

$60×\dfrac{3}{3+5}＝22\dfrac{1}{2}$(分)

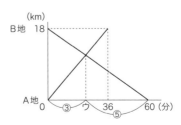

❷

(1) A地を出発して150分後から300分後までの150分で，48−36＝12(km)流された。よって，川の流れの速さは分速，12000÷150＝80(m)

(2) 船の上りの速さは分速，48000÷150＝320(m)
静水時の速さは分速，320＋80＝400(m)
下りの速さは分速，400＋80＝480(m) よって，C地からA地まで下るのに，36000÷480＝75(分)かかる。アにあてはまる時間は，300＋75＝375(分)

❸

(1) 行き(上り)の速さは分速，8400÷21＝400(m)
帰り(下り)の速さは分速，8400÷(38.5−21)＝480(m)

(2) 行きと帰りの川の流れの速さの比は5：3なので，次の図のように表すことができる。

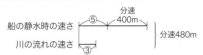

480−400＝80(m/分)が比の，⑤＋③＝⑧にあたるので，比の①にあたる速さは，80÷8＝10(m/分)
よって，船の静水時の速さは分速，400＋10×5＝450(m)

❹

(1) かかる時間が短い方が下り。A地からB地までが下りになるから川上にあるのは A地。

(2) 同じ道のりを進むとき，速さの比とかかる時間の比は逆比になる。下りと上りにかかった時間の比は，21：(49−21)＝3：4 よって，速さの比は4：3になる。次の図のように表すと，川の流れの速さは，(④−③)÷2＝⓪.⑤ 船の静水時の速さは，⓪.⑤＋③＝③.⑤ よって，0.5：3.5＝1：7

(3) 上りにかかる時間は28分なので，次の図のようになる。同じ道のりを進むときの下りと上りにかかる時間の比は，21：28＝3：4なので，A地からすれ違う地点までにかかる時間の比も3：4
次の図より，すれ違うのは同時に出発してから，28

$\times \dfrac{3}{3+4}=12$(分後)

(m)
B地
A地
0　③　21　28　49 (分)
　　　④

別解 次の図で，かげをつけた2つの三角形の相似比は4：3なので，アにあてはまる時間は，$21 \times \dfrac{4}{7} = 12$

(分) よって，12分後。

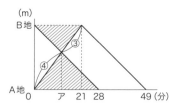

練習問題 発展編

┌─ **答え** ─────────────────────────┐

1 (1) 川の流れの速さ…分速80m
　　　　　船の静水時の速さ…分速400m

　　　(2) 15分後　　(3) 33分間

2 (1) 時速2km　　(2) 時速26km

　　　(3) 4分後　　(4) $54\dfrac{8}{17}$分後
└────────────────────────────────┘

1

(1) 船Aの上りの速さは分速，9600÷30＝320(m)
S地からQ地までの道のりは，320×(97.5−60)＝12000(m) R地からQ地までの道のりは，19200−9600＝9600(m) よって，S地とR地の間の道のりは，12000−9600＝2400(m)
船AはP地を出発して30分後から60分後までの30分間に2400m流されているので，川の流れの速さは分速，2400÷30＝80(m)
船の静水時の速さは分速，320＋80＝400(m)

(2) 船Bは15分間に，80×15＝1200(m)流される。
よって，Q地からP地まで下るのにかかる時間は，(19200−1200)÷(400＋80)＋15＝52.5(分)
また，P地からQ地まで上るのにかかる時間は，19200÷320＝60(分) よって，往復するのに，52.5＋60＝112.5(分)かかる。
したがって，112.5−97.5＝15(分後)

(3) 船Bは，97.5＋30＝127.5(分)で往復することになる。帰りにかかる時間を除くと，Q地からP地までにかかる時間は，127.5−60＝67.5(分) エンジンをかけている時の速さは下りの速さで分速，400＋80＝480(m) 川の流れの速さは分速80mで，合わせて67.5分で19200m進むことになる。ここから，つるかめ算でエンジンを止める時間を求める。
67.5分全部を分速480mで進むと，480×67.5＝

32400（m）進めることになるが，実際には19200m
しか進んでいない。 よって，エンジンを止める時間
を，（32400－19200）÷（480－80）＝33（分）にすれ
ばよい。

2

(1) 船PのA地からC地までの上りの速さは時速，16÷
$\frac{30}{60}$＝32（km） B地からA地まで下るのに，110－
70＝40（分）かかったので，下りの速さは時速，24÷
$\frac{40}{60}$＝36（km） よって，川の流れの速さは時速，
（36－32）÷2＝2（km）

(2) 船PがC地からB地までにかかった時間は，70－50
＝20（分） よって，このときの上りの速さは時速，
（24－16）÷$\frac{20}{60}$＝24（km）

静水時の速さは時速，24＋2＝26（km）

(3) モーターボートQの上りの速さは時速，42－2＝
40（km） よって，A地からC地までにかかる時間は，
16÷40＝$\frac{2}{5}$（時間） すなわち，60×$\frac{2}{5}$＝24（分）

これより，10＋24－30＝4（分後）

(4) モーターボートQはA地からB地まで，24÷40＝$\frac{3}{5}$
（時間） すなわち，60×$\frac{3}{5}$＝36（分）かかる。

よって，船PがA地を出発してから，10＋36＝46（分
後）にB地を出発する。モーターボートQの下りのお
よそのようすをグラフに書き入れると次のようになる。
モーターボートQの下りの速さは時速，42＋2＝
44（km） 船PのC地からB地までの上りの速さは(2)よ
り時速24km
このとき，速さの比は，44：24＝11：6 したがっ
て，同じ道のりにかかる時間の比はその逆比になるの
で，次のグラフで，ア：イ＝6：11 よって，アにあ
たる時間は，（70－46）×$\frac{6}{6+11}$＝8$\frac{8}{17}$（分）

ウにあてはまる時間は，46＋8$\frac{8}{17}$＝54$\frac{8}{17}$（分）

したがって，船PがA地を出発してから54$\frac{8}{17}$分後

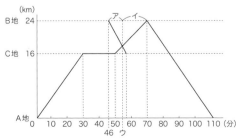

---

5 | 点や図形の移動とグラフ

p.58～p.71

類題1

答え

Ⓐ (1) 秒速1.5cm
　　(2) ア…14，イ…54
Ⓑ (1) 秒速2cm　　(2) ア…8，イ…80
　　(3) 5秒後と16秒後

Ⓐ

(1) グラフより，点Pは辺AB上を6秒で動いたことがわ
かる。よって，点Pの速さは秒速，9÷6＝1.5（cm）

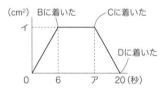

(2) 点Pが辺CD上を動く時間は辺AB上を動く時間と等
しく6秒。アは点Pが頂点Cに着いた時間なので，20
－6＝14 辺BCの長さは1.5×（14－6）＝12（cm）
イにあてはまる面積は三角形ABDの面積となるの
で，12×9÷2＝54（cm²）

Ⓑ

(1) 点PはCD間を21－13＝8（秒）で動く。
よって，秒速，16÷8＝2（cm）

(2) 点PはAB間も8秒で動くので，ア＝8（秒）
グラフより，点PはBC間を，13－8＝5（秒）で動くの
で，BC＝2×5＝10（cm）
8秒後に点PはBの位置にあるので，このときの三角
形APDの面積イは，16×10÷2＝80（cm²）

(3) 次の図のかげをつけた三角形と太線で囲まれた三角
形は相似で， 相似比は，50：80＝5：8

よって，ウ＝8×$\frac{5}{8}$＝5（秒）

アとウの間の時間は3秒なので，エ＝13＋3＝16（秒）
よって，三角形APDの面積が50cm²になるのは，5秒
後と16秒後

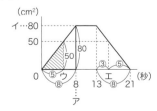

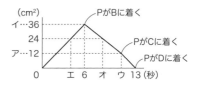

別解 動き始めてから8秒で面積が80cm²増える。1秒間に、80÷8＝10（cm²）ずつ増えるので、面積が50cm²になるのは、50÷10＝5（秒後）
点PがCD上を動くときには面積が10cm²ずつ減るので、面積が50cm²になるのは、点PがCを出てから、(80−50)÷10＝3（秒後）　よって、点PがAを出発してから、13＋3＝16（秒後）

類題2

> **答え**
> ❶ ア…13, イ…21, ウ…33, エ…78
> ❷ (1) 毎秒2cm
> 　(2) ア…12, イ…36, ウ…11
> 　(3) 10cm　(4) 4秒後と8.5秒後

❶

　PがBに着くのは、13÷1＝13（秒後）…ア　13秒後の三角形APDの面積は、13×12÷2＝78（cm²）…エ
点PがCに着くまでにかかる時間は、(13＋8)÷1＝21（秒）…イ　点PがDに着くのはその、12÷1＝12（秒後）なので、ウは、21＋12＝33（秒）

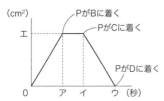

❷

(1) 点PはAB上を6秒で進むので、速さは毎秒、12÷6＝2（cm）

(2) 6秒後に点PはBと重なるので、6秒後の三角形APDの面積は、12×6÷2＝36（cm²）…イ
また、点PはCD上を動くのに、4÷2＝2（秒）かかるので、ウは、13−2＝11（秒）
点PがCに着いたとき、三角形APDの面積は、6×4÷2＝12（cm²）…ア

(3) ウは11なので、点PがBC上を動く時間は、11−6＝5（秒）　よって、BC＝2×5＝10（cm）

(4) 次の図のエ、オを求める。点PがAB上を動くとき、三角形APDの面積は1秒間に、36÷6＝6（cm²）ずつ増える。　よって、エ＝24÷6＝4（秒）
また、点PがBC上を動くとき、三角形APDの面積は1秒間に、(36−12)÷(11−6)＝4.8（cm²）ずつ減る。よって、三角形APDの面積が24cm²になるのは、点PがBを出てから、(36−24)÷4.8＝2.5（秒後）
したがって、オ＝6＋2.5＝8.5（秒）

類題3

> **答え**
> ❶ ア…8, イ…9, ウ…15, エ…432,
> 　オ…408, カ…324
> ❷ ア…52, イ…60, ウ…1664,
> 　エ…1764

❶

　点PがBに着くのは、出発してから、18÷2＝9（秒後）
点PがEに着くのは、出発してから、(18＋12)÷2＝15（秒後）
点QがDに着くのは、出発してから、24÷3＝8（秒後）
これらのときに面積の増減の仕方が変わるので、グラフのアが8、イが9となり、ウは15となる。
オは次の図Ⅰのかげをつけた台形の面積になるので、(16＋18)×24÷2＝408（cm²）
エは長方形ABCDの面積と等しくなり、18×24＝432（cm²）
カは次の図Ⅱのかげをつけた台形の面積になるので、(24＋12)×18÷2＝324（cm²）

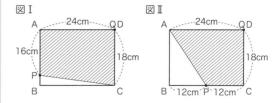

❷

　点Pは60秒でBに着いて止まる。点Qは52秒でDに着いて止まる。よって、アは52、イは60とわかる。
52秒後の三角形APCの面積は、52×25÷2＝650（cm²）　このとき、三角形ACQの面積は三角形ACDの面積と等しく、52×39÷2＝1014（cm²）
よって、ウ＝650＋1014＝1664（cm²）
また、エは四角形ABCDの面積になるので、三角形ABCの面積と三角形ACDの面積の和を求めればよい。
三角形ABCの面積は、60×25÷2＝750（cm²）
よって、エ＝750＋1014＝1764（cm²）

類題4

> **答え**
>
> **Ⓐ** (1) 正方形A…10cm，正方形B…4cm
> (2) ア…7，イ…16
> **Ⓑ** (1) 6cm　(2) 秒速2cm
> (3) 26cm
> (4) $2\frac{1}{4}$秒後，$13\frac{3}{4}$秒後

Ⓐ

(1) 正方形Bの速さは毎秒2cmなので，2秒後，5秒後に進む距離は，それぞれ，2×2=4(cm)，2×5=10(cm)となり，図2のグラフから次の図のようになることがわかる。よって，正方形Aの一辺は10cm，正方形Bの一辺は4cm。

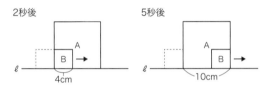

(2) アは正方形Bが動き出してから正方形Aの外に完全に出るまでの時間なので，(10+4)÷2=7(秒)
イは正方形Bが正方形Aの中に完全に入ったときに重なる部分の面積なので，正方形Bの面積に等しい。
よって，4×4=16(cm²)

Ⓑ

(1) 長方形Bが動き出してから3秒後には次の図のようになる。　ア=48÷8=6(cm)

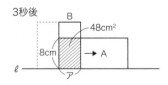

(2) 長方形Bは3秒で6cm動くので，速さは秒速，6÷3=2(cm)

(3) 長方形Bは16秒で完全に長方形Aの中から出る。図に表すと次のようになる。イは，16-3=13(秒)で長方形Bが動く長さだから，イ=2×13=26(cm)

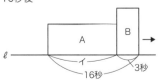

(4) 次の図で，ウ，エの2回になる。太線の三角形の相

似比は，36：48=3：4　よって，ウは，$3×\frac{3}{4}=$

$2\frac{1}{4}$(秒)　エは，$16-2\frac{1}{4}=13\frac{3}{4}$(秒)

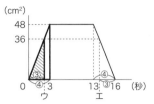

類題5

> **答え**
>
> (1) ア…6cm，イ…12cm，ウ…16cm，
> 　エ…20cm，オ…4.8cm
> (2) カ…120，キ…13
> (3) 15.5秒後
> (4) 5.5秒後と11秒後

Ⓐ

(1) 図形Aと図形Bが重なる様子は次の図のようになる。
図Ⅰより，ア=2×3=6(cm)　イ=72÷6=12(cm)
図Ⅱより，ウ=2×8=16(cm)
図Ⅲより，エ=2×10=20(cm)
また，図Ⅳのときに重なっている部分は長方形で，その面積はグラフより48cm²　この長方形の横の長さは，ウ-ア=10(cm)なので，たての長さオは，48÷10=4.8(cm)

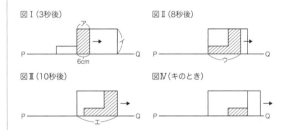

(2) カは上記の図Ⅱのときに重なっている部分の面積なので，図形Aの面積になる。図Ⅰと図Ⅳの重なっている部分の面積の和を求めて，72+48=120(cm²)
また，上記の図Ⅲから図Ⅳまでにかかる時間は3秒なので，キ=10+3=13(秒)

(3) 重なる部分の面積が2度目に24cm²になるのは，グラフより，図形Aが動き始めて13秒後(キ)から18秒後の間とわかる。この5秒間で48cm²の面積がなくなっているので，48cm²の半分にあたる24cm²の面積になるのにかかる時間は，5÷2=2.5(秒)
よって，13+2.5=15.5(秒後)

(4) 次の図で，3秒後から8秒後までの間，重なる部分の面積は1秒間に，（120−72）÷（8−3）＝9.6（cm²）ずつ増える。よって，図のコにあたる時間は，（96−72）÷9.6＝2.5（秒）　したがって，1回目は，3＋2.5＝5.5（秒後）　また，10秒後から13秒後までの間，重なる部分の面積は1秒間に，（120−48）÷（13−10）＝24（cm²）ずつ減る。よって，図のサにあたる時間は，（120−96）÷24＝1（秒）　したがって，2回目は，10＋1＝11（秒後）

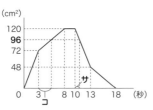

別解　コにあたる時間は，（96−72）：（120−96）＝1：1より，（8−3）÷2＝2.5（秒）

サにあたる時間は，（120−96）：（96−48）＝1：2より，（13−10）÷3＝1（秒）と求めることもできる。

練習問題 (基)(本)編

答え
- ❶ (1) 20　(2) 15cm，24cm
- ❷ (1) 秒速2cm　(2) 165cm²
- ❸ (1) ア…7，イ…24
　　(2) 3秒後と9秒後
- ❹ (1) 18cm　(2) 12cm
　　(3) 136cm²

❶

(1) アは点PがBに着くまでに動く長さなので，ABの長さとなる。また，このとき，三角形PCAは三角形ABCとなるので，BCの長さを□cmとすると，12×□÷2＝96　これより，□＝96×2÷12＝16（cm）　AB＋BC＝36cmなので，AB＝36−16＝20（cm）　よって，ア＝20

(2) 次の図のイ，ウにあたる長さを求めればよい。太線囲みの2つの三角形の相似比は，72：96＝3：4なので，イ＝20×$\frac{3}{4}$＝15（cm）

また，アとウの間の長さは，（36−20）×$\frac{1}{4}$＝4（cm）なので，ウ＝20＋4＝24（cm）

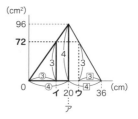

❷

(1) 図2のグラフより，正方形イは動かし始めてから5秒後に正方形アの中にすべて入り，7.5秒後に正方形アから出始め，12.5秒後に正方形アから完全に出たことがわかる。

正方形イは5秒で10cm動いているので，その速さは秒速，10÷5＝2（cm）

(2) 次のグラフのウにあたる面積を求めればよい。正方形イを動かし始めて7.5秒後から12.5秒後までの間，アとイが重なっていない部分の面積は1秒間に，（225−125）÷（12.5−7.5）＝20（cm²）ずつ増える。よって，7.5秒後から9.5秒後までの2秒間で，20×2＝40（cm²）増える。これより，ウ＝125＋40＝165（cm²）

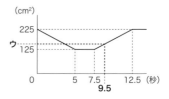

別解　正方形イは9.5秒で，2×9.5＝19（cm）動くので，動かし始めてから9.5秒後には次の図のようになる。このとき，正方形アのうち正方形イと重なっていない部分の面積を求めると，15×15−10×6＝165（cm²）

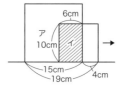

❸

(1) 次のグラフのアはPがCに着くまでの時間なので，ア＝（8＋6）÷2＝7（秒）　また，イはPがDに着いたときの三角形PABの面積なので，三角形DABの面積と等しく，8×6÷2＝24（cm²）

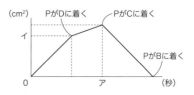

(2)　PがDに着くのは出発してから，8÷2＝4(秒後)

また，Pが出発してから7秒後の三角形PABの面積は，三角形CABと等しく，10×6÷2＝30(cm²)

三角形PABの面積が18cm²になるのは次の図のウとエのときである。Pが出発してから4秒後まで三角形PABの面積は毎秒，24÷4＝6(cm²)ずつ増えるので，ウ＝18÷6＝3(秒)

また，PがCB上を動く時間は，10÷2＝5(秒)で，この間三角形PABの面積は毎秒，30÷5＝6(cm²)ずつ減る。よって，三角形PABの面積が18cm²になるのはPがCに着いてから，(30−18)÷6＝2(秒後)

よって，エ＝7＋2＝9(秒)

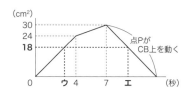

❹

(1)　次の図のようになる。図形Aが長方形Bの横の長さだけ動くのに9秒かかるので，長方形Bの横の長さは，2×9＝18(cm)

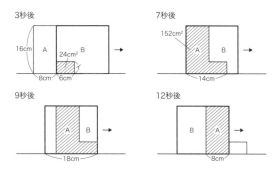

(2)　図形Aが3秒で動く長さは，2×3＝6(cm)

上の図で，イの長さは，24÷6＝4(cm)

よって，ア＝16−4＝12(cm)

(3)　2つの図形が重なる部分の面積は，9秒後に152cm²，12秒後に，152−24＝128(cm²)となる。

よって，9秒後から12秒後までの間，1秒間に，(152−128)÷(12−9)＝8(cm²)ずつ減る。

したがって，図形Aを動かし始めてから11秒後に2つの図形が重なる部分の面積は，152−8×(11−9)＝136(cm²)

練習問題 発展編

❶

(1)　はじめに見えている140mが列車の長さである。観察を始めてから5秒後にトンネルに入り始め，31秒後にトンネルから完全に出たことがグラフから読み取れるので，次の図のように表すことができる。列車の先頭部分は観察を始めて5秒後から11秒後までの6秒間に140m進んでいるので，速さは秒速，140÷6＝$\frac{70}{3}$(m)　これを時速にすると，$\frac{70}{3}$×60×60÷1000＝84(km)

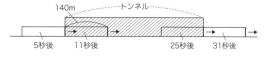

(2)　上の図より，トンネルの長さは列車が，25−5＝20秒間に動く長さなので，$\frac{70}{3}$×20＝466$\frac{2}{3}$(m)

❷

重なる部分の面積の変化から，図形Aと図形Bが重なる様子が次の図のようになる。3秒後に重なる部分の面積が12cm²になるので，図のあの長さは，12÷4＝3(cm)　よって，図形Bの動く速さは毎秒，3÷3＝1(cm)　6秒後には，1×6＝6(cm)進むので，図のいの長さは6cm　よって，ア＝10−6＝4(cm)

9秒後に重なる部分をPとすると，Pの面積はグラフより72cm²である。13秒後に重なる部分を図のように長方形P，Qに分けると，Qの面積は，82−72＝10(cm²)　ア＝4cmなので，うの長さは，10÷4＝2.5(cm)　よって，イ＝12−2.5＝9.5(cm)

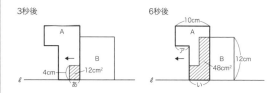

9秒後

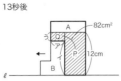
13秒後

3

(1) グラフより，三角形PQRの面積の変化から，点P，Q，Rが動く様子は次の図のようになる。三角形PQRの面積が0cm²になるのは点Qと点Rが重なって三角形ができない場合である。QRを底辺とすると三角形PQRの高さは常に辺ABの長さとなるので，面積の変化は底辺QRの長さの変化による。

同じ道のりを進むとき，かかる時間と速さは反比例し，逆比になる。

点QはBC上を18秒で動き，点Qと点Rが向かい合って進むと10秒で2つの点の進んだ道のりの和がBCの長さとなる。これらのことから，（点Qの速さ）：（点Qと点Rの速さの和）＝10：18＝5：9

よって，（点Qの速さ）：（点Rの速さ）＝5：（9−5）＝5：4

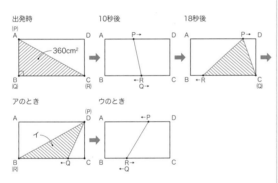
出発時 10秒後 18秒後

アのとき ウのとき

(2) 上の図より，アは点Rが初めてBに着くときとわかる。点Qと点Rの速さの比は(1)より5：4なので，同じ道のりを進むのにかかる時間の比は4：5

点QがBC上を進むのに18秒かかるので，点RがBC上を進むのにかかる時間は，$18×\frac{5}{4}=22\frac{1}{2}$（秒）

よって，ア＝$22\frac{1}{2}$（22.5）

また，このときに点Rが動いた長さである辺BCの長さを4とすると，点Qが動いた長さは5になるから，RQの長さは，4×2−5＝3

よって，QR：BC＝3：4

三角形PQRと三角形ABCは高さが等しい三角形なので，面積の比は底辺の比に等しく，3：4になる。三角形ABCの面積は出発時の三角形PQRの面積と等しく360cm²だから，このときの三角形PQRの面積は

$360×\frac{3}{4}=270$（cm²）　よって，イ＝270

また，ウは2点Q，Rが合わせてBCの3倍の道のりを動いたときにかかる時間で，合わせてBCの道のりを進むのに10秒かかっていたことから，ウ＝10×3＝30（秒）

アのとき　　　　　　　ウのとき

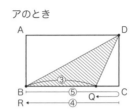 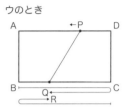

(3) 三角形PQRの角Rがはじめて90°になるのは，右の図のように，PRがはじめてABと平行になるときで，点Pと点Rの速さが等しいことから，点Rが辺BCの半分の長さを動いたときである。

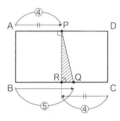

点RはCからBまで22.5秒で進むので，半分の長さを進むのにかかる時間は，22.5÷2＝11.25（秒）

また，このとき，QR：BC＝（5−4）：（4＋4）＝1：8

よって高さが等しい三角形である三角形PQRと三角形ABCの面積の比も1：8になる。

よって，三角形PQRの面積は，360÷8＝45（cm²）

(4) 三角形PQRの角Qがはじめて90°になるのは，右の図のように，ABとPQがはじめて平行になるときである。このとき，点Pと点Qの進んだ道のりの和がBCの2倍になる。点Pと点Rの速さは等しく，点Qと点Rの進んだ道のりの和がBCの長さと等しくなるのは10秒後だったから，点Pと点Qの進んだ道のりの和がBCの2倍になるのは出発してから，10×2＝20（秒後）

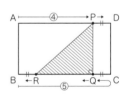

また，上の図で，点Pの進んだ長さを4とすると，点Qの進んだ長さは5となり，BC＝（4＋5）÷2＝4.5となる。このとき，PD＝BR＝QC＝4.5−4＝0.5，QR＝4−0.5＝3.5より，QR：BC＝3.5：4.5＝7：9

したがって，このときの三角形PQRの面積は三角形ABCの面積の$\frac{7}{9}$になり，$360×\frac{7}{9}=280$（cm²）

第 **2** 章 水量とグラフ

1 底面積が一定の問題

p.74〜p.87

類題1

答え

Ⓐ (1) 1.5L　(2) 0.3L
Ⓑ (1) 1.5L　(2) 0.75L

Ⓐ

(1) $50 \times 40 \times 12 \div 16 = 1500 (cm^3) \Rightarrow 1.5L$

(2) $50 \times 40 \times (30 - 12) \div (36 - 16) = 1800 (cm^3)$
$\Rightarrow 1.8L$　$1.8 - 1.5 = 0.3 (L)$

Ⓑ

(1) はじめの14.4分間に抜いた水は，$32 \times 45 \times (30 - 15) = 21600 (cm^3)$　1分間に抜いた水は，$21600 \div 14.4 = 1500 (cm^3) \Rightarrow 1.5L$

(2) 水を抜き始めて14.4分後に容器の深さのちょうど半分の深さの水が残っているので，残っている水は$21600 cm^3$
よって，抜く水の量を増やした後，1分間に抜いた水は，$21600 \div (24 - 14.4) = 2250 (cm^3) \Rightarrow 2.25L$　したがって，増やしたのは，$2.25 - 1.5 = 0.75 (L)$

類題2

答え

Ⓐ (1) ア…6，イ…10
　 (2) 7.5分後
Ⓑ (1) ア…4.8，イ…7.8
　 (2) 6.6分後

Ⓐ

(1) $2.1L = 2100 cm^3$，$3.6L = 3600 cm^3$なので，ア$= 25 \times 36 \times 14 \div 2100 = 6 (分)$
また，$25 \times 36 \times (30 - 14) \div 3600 = 4 (分)$より，イ$= 6 + 4 = 10 (分)$

(2) アからイまでの4分間に水の深さは，$30 - 14 = 16 (cm)$増えているので，1分間に，$16 \div 4 = 4 (cm)$ずつ増えているのがわかる。　よって，水の深さが20cmになるのは，1分間に入れる水の量を変えてから，$(20 - 14) \div 4 = 1.5 (分後)$

よって，水を入れ始めてから，$6 + 1.5 = 7.5 (分後)$

Ⓑ

(1) $1.5L = 1500 cm^3$，$2.4L = 2400 cm^3$なので，水の深さが10cmになるのは，$24 \times 30 \times (20 - 10) \div 1500 = 4.8 (分後)$ …ア
水そうの水が全部なくなるのは，1分間に抜く水の量を変えてから，$24 \times 30 \times 10 \div 2400 = 3 (分後)$
よって，イ$= 4.8 + 3 = 7.8 (分)$

(2) グラフのアからイまでの間，水の深さは1分間に，$10 \div 3 = \dfrac{10}{3} (cm)$ずつ減る。

よって，水の深さが4cmになるのは1分間に抜く水の量を変えてから，$(10 - 4) \div \dfrac{10}{3} = 1.8 (分後)$

したがって，水を抜き始めてから，$4.8 + 1.8 = 6.6$（分後）

別解 抜いた水の量に着目すると，次のように求められる。$24 \times 30 \times (10 - 4) \div 2400 = 1.8$
$4.8 + 1.8 = 6.6$

類題3

答え

Ⓐ (1) 2cm　(2) 2.5cm
　 (3) ア…6，イ…12
Ⓑ (1) 2.5cm　(2) 1.5cm
　 (3) ア…3，イ…7.5

Ⓐ

(1) $4L = 4000 cm^3$　$4000 \div (40 \times 50) = 2 (cm)$

(2) $5L = 5000 cm^3$　$5000 \div (40 \times 50) = 2.5 (cm)$

(3) A管は10分間ずっと開いていたので，A管から10分間に，$2 \times 10 = 20 (cm)$の深さにあたる水が入ったことになる。B管からは，$30 - 20 = 10 (cm)$の深さにあたる水が入ったことになるので，B管を使っていたのは，$10 \div 2.5 = 4 (分間)$
よって，ア$= 10 - 4 = 6$　イ$= 2 \times 6 = 12$

Ⓑ

(1) $6000 \div (40 \times 60) = 2.5 (cm)$

(2) $3600 \div (40 \times 60) = 1.5 (cm)$

(3) 18分間全部A管だけで水を入れたとすると水の深さは，$2.5 \times 18 = 45 (cm)$になるが，実際には30cmにしかなっていない。ここで，1分間A管からB管に替えて水を入れたとすると，$2.5 - 1.5 = 1 (cm)$だけ

23

水の深さの増え方が減るので，深さ45cmを30cmにするには，18分のうち，（45－30）÷1＝15（分間）だけB管で入れることにすればよい。

よって，ア＝18－15＝3（分）

イは，A管で3分間入れたときの水の深さだから，2.5×3＝7.5（cm）

参考 考え方は「つるかめ算」と同じです。

類題4

答え

Ⓐ （1） 2　　（2） 1.2L

Ⓑ （1） 3L　　（2） 0.6L

Ⓐ

(1) 水面の高さが6cmから30cmになるまではA管だけを開いていたので，かかった時間は，30×40×（30－6）÷4800＝6（分）　よって，ア＝8－6＝2

(2) 水を入れ始めてから2分間で水そう内にたまった水は，30×40×6＝7200（cm³）　1分間に，7200÷2＝3600（cm³）の水がたまったことになる。A管からは毎分4800cm³の水が入るので，B管から毎分排出される水は，4800－3600＝1200（cm³）⇒1.2L

Ⓑ

(1) 水を入れ始めて5分後から21分後までは穴がふさがっているので，A管から毎分入れていた水は，30×50×（40－8）÷（21－5）＝3000（cm³）⇒3L

(2) はじめの5分で水そう内にたまった水は，30×50×8＝12000（cm³）　よって，1分間にたまる水は，12000÷5＝2400（cm³）

A管からは毎分3000cm³の水が入るので，穴から毎分出ていた水は，3000－2400＝600（cm³）⇒0.6L

類題5

答え

Ⓐ （1） 900cm³　　（2） 1.2L

Ⓑ （1） 600cm³

　　（2） A管…3.6L，B管…2.4L

Ⓐ

(1) 水を入れ始めて2分後までに水そう内に毎分たまる水は，35×20×6÷2＝2100（cm³）

A管からは毎分3000cm³の水が入るので，穴から毎分出ていた水は，3000－2100＝900（cm³）

(2) A管，B管から入る水は合わせて毎分，35×20×（30－6）÷（6－2）＝4200（cm³）

よって，4200－3000＝1200（cm³）⇒1.2L

Ⓑ

(1) A管，B管から1分間に入る水は合わせて，60×40×（30－15）÷（14.8－8.8）＝6000（cm³）

A管とB管から水を入れていて穴が開いているときに毎分水そう内にたまる水は，60×40×（15－6）÷（8.8－4.8）＝5400（cm³）　よって，穴から毎分出ていた水は，6000－5400＝600（cm³）

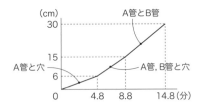

(2) 水を入れ始めてから4.8分後まで，毎分水そう内にたまる水は，60×40×6÷4.8＝3000（cm³）

このとき，穴からは毎分600cm³の水が出ていくので，A管から毎分入る水は，3000＋600＝3600（cm³）⇒3.6L　また，B管から毎分入る水は，6000－3600＝2400（cm³）⇒2.4L

練習問題 基本編

答え

❶ （1） 5　　（2） 2L

❷ （1） A管…1.8L，B管…1.2L

　　（2） 6.5分後

❸ （1） 4L　　（2） 4.5L　　（3） 9分後

❹ （1） A管…1.5L，B管…2.5L，

　　　　C管…1L

　　（2） 39分後

❶

(1) 穴をふさいでから満水になるまでの時間は，（60－15）÷5＝9（分）　よって，ア＝14－9＝5

(2) 水を入れ始めてから5分後まで，毎分水そう内にたまる水は，15÷5＝3（L）

このとき，水そうには毎分5Lの水を入れていたので，穴から出ていた水は，5－3＝2（L）

❷

(1) B管から毎分入る水は，30×20×（25－15）÷（8－3）＝1200（cm³）⇒1.2L　A管，B管から1分間に入る水は合わせて，30×20×15÷3＝3000（cm³）⇒3L　A管から毎分入る水は，3000－1200＝1800（cm³）⇒1.8L

24

(2) 水を入れ始めて3分後から8分後までの間，1分間に
　　上がる水面の高さは，（25−15）÷（8−3）＝2（cm）
　　水面の高さが15cmになってから22cmになるまでに
　　かかる時間は，（22−15）÷2＝3.5（分）
　　よって，水面の高さが22cmになったのは，3＋3.5＝
　　6.5（分後）

❸

(1)　水を入れ始めて9分で増えた水の深さは，35−5＝
　　30（cm）　よって，容器Aから1分間に入れていた水
　　は，1200×30÷9＝4000（cm³）⇒4L
(2)　容器Aに水を入れ始めて9分後から21分後まで水の
　　深さが35cmから30cmまで減っているので，1分間
　　に減る水は，1200×（35−30）÷（21−9）＝500
　　（cm³）　よって，排水管から毎分出ていく水はA管か
　　ら毎分入る水より500cm³多く，4000＋500＝4500
　　（cm³）⇒4.5L
(3)　容器B内の水は容器Aと同じように9分で30cm増え
　　るので，容器B内の水の深さの変わり方をグラフに表
　　すと下のようになる。次のグラフより，容器A，B内
　　の水の深さが等しくなるのは容器Aに水を入れ始めて
　　から21分後，容器Bに水を入れ始めてから9分後であ
　　ることがわかる。

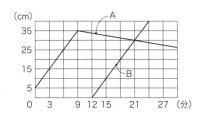

❹

(1)　水を入れ始めてから10分後からはC管だけで入れ
　　たので，C管から毎分入る水は，（54−44）÷（20−
　　10）＝1（L）　また，水を入れ始めて6分後から10分後
　　までは，B管とC管で水を入れたので，この2つの管
　　から毎分入る水は合わせて，（44−30）÷（10−6）＝
　　3.5（L）　よって，B管から毎分入る水は，3.5−1＝
　　2.5（L）　水を入れ始めてから6分後までは，A，B，
　　Cの3つの管で水を入れていたので，この3つの管か
　　ら毎分入る水は合わせて，30÷6＝5（L）
　　よって，A管から毎分入る水は，5−3.5＝1.5（L）

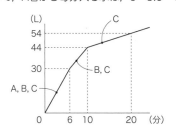

(2)　水を入れ始めてから30分後の水そう内の水は，54
　　＋10＝64（L）
　　A管とB管からは合わせて毎分，1.5＋2.5＝4（L）の水
　　が入るので，水を入れ始めて30分後から満水になる
　　までにかかる時間は，（100−64）÷4＝9（分）
　　よって，水を入れ始めてから，30＋9＝39（分後）

練習問題 発展編

答え

❶　(1)　0.8cm　　(2)　$56\dfrac{2}{3}$秒後

❷　(1)　A…72L，B…144L
　　(2)　15　　(3)　36cm

❸　(1)　2250cm³　　(2)　30cm
　　(3)　辺イ…15cm，辺ウ…5cm
　　(4)　（あ）3.5　　（い）19.5

❶

(1)　はじめの15秒のグラフより，水の深さの増え方は
　　Aの方がBよりも毎秒，（9−6）÷15＝0.2（cm）多い
　　ことがわかる。15秒後から30秒後まではBがAとの
　　深さの差を縮めている。このとき，1秒間に縮まる水
　　の深さ（容器Bの1秒間に増える水の深さ）は，9÷（30
　　−15）＝0.6（cm）　よって，容器Aの水の深さは毎
　　秒，0.6＋0.2＝0.8（cm）ずつ増える。

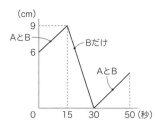

(2)　容器Aが満水になるまでに給水管を使っていた時間
　　は，15＋（50−30）＝35（秒）　よって，容器A，Bの
　　深さは，6＋0.8×35＝34（cm）　容器Bが満水になる
　　のは容器Bの水の深さが34cmになるときなので，水
　　を入れ始めてから，$34÷0.6＝56\dfrac{2}{3}$（秒後）

❷

(1)　水そうAの方が底面積が小さいので，水そうBより
　　先に満水になる。次のグラフから水そうAが9分で満
　　水になったことがわかるので，その容積は，8×9＝
　　72（L）　水そうBは水そうAと高さが等しく底面積が
　　2倍なので，容積も水そうAの2倍である。
　　よって，その容積は，72×2＝144（L）

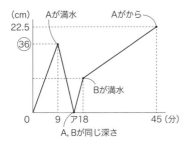

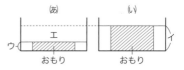

$= (20-10) \div 2 = 5 (cm)$　イ$= 5+10 = 15 (cm)$

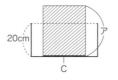

(4)　(あ)は上の図のより，水面の高さが5cmになったとき。よって，(あ)$=(800 \times 5 - 2250) \div 500 = 3.5$(分)
(い)は水面の高さが15cmになったとき。よって，(い)$=(800 \times 15 - 2250) \div 500 = 19.5$(分)

---

2 段差やしきりなどがある問題 p.88〜p.105

---

(2)　水そうA，Bの底面積の比は1：2なので，A，Bに給水したときに1分間に増える水の深さとそれぞれから排水したときに1分間に減る水の深さの比は次のようになる。（Aに給水時）：（Bに給水時）：（Aから排水時）：（Bから排水時）$= 8 : 1 : 8 \div 2 : 2 \div 1 : 2 \div 2 = 8 : 4 : 2 : 1$　これを⑧，④，②，①とすると，水を入れ始めてから9分後のA，Bの水面の高さの差は，$(⑧-④) \times 9 = ㊱$となる。Aから排水し，Bはそのまま給水を続けると，AとBの水面の高さが等しくなるのは，そこから，$㊱ \div (②+④) = 6$(分後)
よって，ア$= 9+6 = 15$(分)

(3)　Aがからになったとき，Bの水面の高さは，$④ \times 18 - ① \times (45-18) = ㊺$と表せる。これが22.5cmなので，$① = 22.5 \div 45 = 0.5 (cm)$　これより，$⑧ = 0.5 \times 8 = 4 (cm)$　よって，Aが満水になったときの水面の高さ（水そうの高さ）は，$4 \times 9 = 36 (cm)$

類題1

答え

Ⓐ (1)　ア…12，イ…6，ウ…24
　　(2)　12分
Ⓑ (1)　ア…20，イ…3.6，ウ…8.4
　　(2)　6.6分後

Ⓐ
(1)　ア…段の高さの12cm　イ…$1.5L = 1500cm^3$なので，$50 \times 15 \times 12 \div 1500 = 6$(分)　ウ…$50 \times (15+15) \times (30-12) \div 1500 = 18$(分)　$18+6 = 24$(分)

(2)　水面の高さが12cmになってからの水面の上がり方は毎分，$(30-12) \div 18 = 1 (cm)$
よって，かかる時間は，$(24-12) \div 1 = 12$(分)

Ⓑ
(1)　ア…段の高さの20cm　イ…$2.5L = 2500cm^3$なので，$15 \times 30 \times 20 \div 2500 = 3.6$(分)　ウ…$(25+15) \times 30 \times (30-20) \div 2500 = 4.8$(分)　$4.8+3.6 = 8.4$(分)

(2)　水面の高さが20cmになってからの水面の上がり方は毎分，$(30-20) \div 4.8 = \frac{25}{12} (cm)$

$(26.25-20) \div \frac{25}{12} = 3$(分)より，$3.6+3 = 6.6$(分後)

3
(1)　水そうの底につける面をAにしたとき，27.5分で満水になったので，このときに水そうに入った水は，$500 \times 27.5 = 13750 (cm^3)$
また，水そうの容積は，$40 \times 20 \times 20 = 16000 (cm^3)$
したがって，おもりの体積は，$16000-13750 = 2250 (cm^3)$

(2)　おもりの面Cを水そうの底につけたとき，右の図のようになる。29分で満水になるので，このときに入る水は，$500 \times 29 = 14500 (cm^3)$
よって，面Cの面積は，$(16000-14500) \div 20 = 75 (cm^2)$
したがって，ア$= 2250 \div 75 = 30 (cm)$

(3)　次の図は水そうを横から見た図である。エの直方体の体積は水そうに16分間入れた水の体積に等しく，$500 \times 16 = 8000 (cm^3)$　水そうの底面積は，$40 \times 20 = 800 (cm^2)$だから，イとウの高さの差は，$8000 \div 800 = 10 (cm)$　おもりの辺の長さの和は200cmなので，$(ア+イ+ウ) \times 4 = 200$
これより，イ$+$ウ$= 200 \div 4 - 30 = 20 (cm)$
イとウの和が20cm，差が10cmであることから，ウ

類題2

答え

Ⓐ (1)　3L　(2)　46.8L　(3)　30
Ⓑ (1)　1.8L　(2)　45L　(3)　20

Ⓐ

(1) 水を入れ始めて4.8分後から15.6分後までの10.8 分間に入った水の量は，$40 \times 45 \times (30-12) = 32400$（cm³）

よって，1分間に入れていた水は，$32400 \div 10.8 = 3000$cm³⇒3L

(2) 15.6分で満水になったので，$3 \times 15.6 = 46.8$（L）

(3) 図2のグラフから段の高さは12cmとわかるので，
□$= 3000 \times 4.8 \div (12 \times 40) = 30$（cm）

Ⓑ

(1) $30 \times 36 \times 25 \div 15 = 1800$（cm³）⇒1.8L

(2) $1.8 \times 25 = 45$（L）

(3) 水を入れ始めて15分後から25分後までの10分間に 入った水は，$1800 \times 10 = 18000$（cm³）

よって，$30 +$□$= 18000 \div (10 \times 36) = 50$（cm）
□$= 50-30 = 20$（cm）

類題3

> ┏━━┓
> ┃答え┃
> ┗━━┛
> **Ⓐ** (1) 18cm　　(2) 3.6L
> 　　(3) 30分後
> **Ⓑ** ア…24，イ…15，ウ…27

Ⓐ

(1) 図2のグラフより18cm

(2) $20 \times 40 \times 18 \div 4 = 3600$（cm³）⇒3.6L

(3) $(20+40) \times 40 \times 45 \div 3600 = 30$（分後）

Ⓑ

ア　しきり板の高さの24cm

イ　容器が満水になったのは水を入れ始めてから67.5 分後だから，1分間に入る水の量は，$(50+40) \times 60 \times 60 \div 67.5 = 4800$（cm³）

イは，Aの部分に深さ24cmまで水が入るのにかかる 時間だから，$50 \times 60 \times 24 \div 4800 = 15$（分）

ウ　AとBを合わせた部分に24cmの深さで水が入る時 間。Aの部分の底面積と容器の底面積の比は，50： $(50+40) = 5：9$なので，同じ深さの水が入る時間の 比も5：9　よって，ウ$= 15 \div 5 \times 9 = 27$（分）

別解　$(50+40) \times 60 \times 24 \div 4800 = 27$（分）

類題4

> ┏━━┓
> ┃答え┃
> ┗━━┛
> **Ⓐ** (1) 3：2　　(2) 30
> **Ⓑ** (1) ア…3，イ…12.5　　(2) 28cm

Ⓐ

(1) Aの部分とBの部分にしきり板の高さ15cmまで水 が入る時間の比は，$7.5：(12.5-7.5) = 3：2$

A，Bの部分に15cmまで入る水の体積の比も3：2な ので，ア：イ$= 3：2$

(2) 容器の底面全体に15cmの深さで入る水と36cmの 深さで入る水の体積の比は，$15：36 = 5：12$

よって，$12.5：ウ = 5：12$　ウ$= 12.5 \div 5 \times 12 = 30$ （分）

Ⓑ

(1) Aの部分とBの部分にしきり板の高さ18cmまで水 が入る時間の比は，$16：24 = 2：3$　A，Bの部分に 18cmまで入る水の体積の比も2：3なので，ア：7.5 $= 2：(2+3)$　よって，ア$= 7.5 \div 5 \times 2 = 3$（分）

容器の底面全体に18cmの深さで入る水と30cmの深 さで入る水の体積の比は，$18：30 = 3：5$

よって，$7.5：イ = 3：5$　イ$= 7.5 \div 3 \times 5 = 12.5$（分）

(2) Aの部分に18cmの深さで入る水は，$2688 \times 3 = 8064$（cm³）

よって，ウ$= 8064 \div (18 \times 16) = 28$（cm）

類題5

> ┏━━┓
> ┃答え┃
> ┗━━┛
> **Ⓐ** (1) 3L
> 　　(2) ア…36cm，イ…14cm
> 　　(3) 6.8分後
> **Ⓑ** ア…18，イ…2.4，ウ…8

Ⓐ

(1) $50 \times 30 \times 40 \div 20 = 3000$（cm³）⇒3L

(2) $3000 \times 5.4 = 16200$　ア$\times 30 \times 15 = 16200$よ り，ア$= 16200 \div (30 \times 15) = 36$（cm）

イ$= 50-36 = 14$（cm）

(3) $14 \times 30 \times 10 \div 3000 = 1.4$　$5.4 + 1.4 = 6.8$（分後）

Ⓑ

ア　しきり板の高さの18cm

イ　A，Bの部分に18cmの深さで入る水の体積の比 は，$12：18 = 2：3$

よって，イ$= 6 \div (2+3) \times 2 = 2.4$（分）

ウ　容器の底面積全体に18cmの深さで入る水の体積と 容積の比は，$18：24 = 3：4$

よって，ウ$= 6 \div 3 \times 4 = 8$（分）

類題6

> **答え**
>
> **Ⓐ** (1) P…10cm, Q…15cm
> (2) ア…10cm, イ…20cm
> 　　ウ…20cm
> (3) 10
> **Ⓑ** ア…3.6, イ…5.4, ウ…9.6
> 　　エ…12.8

Ⓐ

(1) 図2のグラフより, Pの高さは10cm, Qの高さは15cm

(2) A, Bの部分に10cmの深さで入った水の体積の比は, 入るのにかかった時間の比と等しく, 1：(3－1)＝1：2　よって, ア：イ＝1：2
AとBを合わせた部分に15cmの高さで入った水とCの部分に15cmの高さで入った水の体積の比は, 入るのにかかった時間の比と等しく, 4.5：(7.5－4.5)＝3：2　よって, (ア＋イ)：ウ＝3：2　ここで, アの長さを①, イの長さを②とすると, ウの長さは, (①＋②)÷3×2＝②となり, ア：イ：ウ＝1：2：2
①＝50÷(1＋2＋2)＝10(cm)なので, ア＝10cm, イ＝ウ＝10×2＝20(cm)

(3) 容器の底面全体に15cmの高さで入る水の体積と20cmの高さで入る水の体積(容積)の比は, 15：20＝3：4で, それぞれの体積の水が入る時間の比も3：4　7.5：エ＝3：4より, エ＝7.5÷3×4＝10(分)

Ⓑ

仕切り板P, Qの高さは図2のグラフより, 10cmと15cm　12：15＝4：5より, Bの部分に10cmの深さで水をいれる時間は, 1.6÷4×5＝2(分)　よって, ア＝1.6＋2＝3.6(分)　AとBを合わせた部分に10cmの深さで入る水の体積と15cmの深さで入る水の体積の比は, 10：15＝2：3なので, イ＝3.6÷2×3＝5.4(分)

ウは容器の底面全体に15cmの深さの水が入るまでの時間なので, (12＋15)：(12＋15＋21)＝9：16より, ウ＝5.4÷9×16＝9.6(分)　ウ：エは, 容器の底面全体に15cmの深さで入る水の体積と20cmの深さで入る水の体積の比に等しく, ウ：エ＝15：20＝3：4　よって, エ＝9.6÷3×4＝12.8(分)

練習問題 基本編

> **答え**
>
> **❶** (1) 1200cm³　(2) 8cm
> (3) 15
> **❷** (1) 毎秒50cm³　(2) 7.5cm
> (3) 61.6秒後
> **❸** (1) 60cm
> (2) A…250cm³, B…350cm³
> **❹** (1) 60cm²　(2) 13秒後
> (3) 21cm
> **❺** (1) 6720cm³　(2) 80cm³
> (3) 64秒後
> **❻** (1) 12cm　(2) 2700cm³
> (3) 8分
> **❼** (1) 6L　(2) 18分後
> (3)
>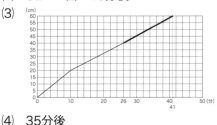
> (4) 35分後

❶

(1) しきり板の高さは図2のグラフより15cmとわかるので, Aの部分にしきり板の高さまで入った水の体積は, 20×20×15＝6000(cm³)
よって, 1分間に入る水は, 6000÷5＝1200(cm³)

(2) Aの部分とBの部分に15cmの深さまで入れた水の体積の比は, 5：(7－5)＝5：2　よって, 20：ア＝5：2　これより, ア＝20÷5×2＝8(cm)

(3) この容器の容積は, (8＋4＋20)×20×30－4×20×15＝18000(cm³)
よって, イ＝18000÷1200＝15(分)

❷

(1) 段差で水面の上がり方が変わるので, アは10cm。10cmの深さまで入る水の体積は, 10×20×10＝2000(cm³)　よって, 1秒間に入れた水は, 2000÷40＝50(cm³)

(2) 段差より上の部分に入る水の体積は, 50×(94－40)＝2700(cm³)
よって, イ＝2700÷(18×20)＝7.5(cm)

(3) 段差より上に3cmの深さで入る水の体積は, 18×20×3＝1080(cm³)　この体積の水が入るのにかかる時間は, 1080÷50＝21.6(秒)

よって，水を入れ始めてから，40＋21.6＝61.6（秒）

別解　段差の上では，94−40＝54（秒）で水面が
7.5cm上がるので，水面が段差に達してから3cm上
がるのにかかる時間は，54÷7.5×3＝21.6（秒）
よって，水を入れ始めてから，40＋21.6＝61.6（秒）

❸
(1)　この水そうの容積は，60L＝60000cm³
よって，ア＝60000÷(25×40)＝60（cm）
(2)　Aのじゃ口から毎秒入る水は，(60−40)×25×20
÷40＝250（cm³）　Bのじゃ口から毎秒入る水は，
40×25×14÷40＝350（cm³）

❹
(1)　60×10÷10＝60（cm²）
(2)　水の深さが10cmから18cmまで8cm増えるのにか
かる時間は，16−10＝6（秒）
10cmから14cmまで4cm増えるのにかかる時間はそ
の半分の3秒。よって，10＋3＝13（秒後）
(3)　水を入れ始めてから16秒後から20秒後までの4秒
間に水の深さは，18cmから30cmまで12cm増え
る。このとき，1秒間に増える水の深さは，12÷4＝
3（cm）　よって，水を入れ始めてから17秒後の水の
深さは，18＋3＝21（cm）

❺
(1)　図2のグラフから段差は容器のいちばん下から
10cmのところにあることがわかる。
よって，容積は，12×16×10＋20×16×(25−
10)＝1920＋4800＝6720（cm³）
(2)　6720÷84＝80（cm³）
(3)　水を入れ始めて24秒後から84秒後までの間，1秒
間に増える水面の高さは，(25−10)÷(84−24)＝
0.25（cm）　よって，水面の高さが20cmになったの
は，水面が段差に達してから，(20−10)÷0.25＝
40（秒後）　したがって，24＋40＝64（秒後）

❻
(1)　図2のグラフからAの部分に水を入れ始めて4分後
にしきり板の高さまで水が入ることがわかるので，し
きり板の高さは，1800×4÷600＝12（cm）
(2)　水そうの底面全体に12cmまで水が入るのにかかる
時間は4.8分だから，A，Bの管から1分間に入る水は
合わせて，(600＋1200)×12÷4.8＝4500（cm³）
よって，Bの管から1分間に入る水は，4500−1800
＝2700（cm³）
(3)　(600＋1200)×20÷4500＝8（分）

❼
(1)　60×50×20÷10＝6000（cm³）⇒6L
(2)　水面の高さが20cmから40cmまで20cm増えるの
にかかる時間は，26−10＝16（分）

よって，水面の高さが20cmから30cmまで10cm増
えるのにかかる時間は，その半分なので，16÷2＝8
（分）　よって，10＋8＝18（分後）
(3)　水面までの高さが20cmになってから40cmになる
までの底面積は，6000×16÷20＝4800（cm²）
よって，水面までの高さが40cmになってから60cm
になるまでの底面積は，4800＋20×60＝6000
（cm²）　この部分に水が入る時間は，6000×20÷
8000＝15（分）　よって，水面までの高さが60cmに
なるのは，水を入れ始めてから，26＋15＝41（分後）
水を入れ始めて26分後から41分後までのグラフは直
線になる。
(4)　水面までの高さが40cmになってから60cmになる
まで15分かかるので，1分間に上がる水面の高さは，
$(60-40) \div 15 = \frac{4}{3}$（cm）

水面までの高さが40cmになってから52cmになるま
での時間は，$(52-40) \div \frac{4}{3} = 9$（分）

よって，26＋9＝35（分後）

練習問題 発展編

答え
❶ (1)　ア…12，イ…14，ウ…18
　　(2)　48分後
❷ ア…15，イ…6，ウ…10.8，エ…324
❸ (1)　A…400cm²，B…1000cm²，
　　　　C…800cm²
　　(2)　ア…30，イ…12
　　(3)　18cm
　　(4)　13分後

❶
(1)　Bにはじめに水が入る部分の底面積は，80×60−
40×25＝3800（cm²）
7.6分で鉄のブロックの高さまで水が入ることから鉄
のブロックの高さを求めると，6000×7.6÷3800＝
12（cm）…ア
図2のグラフより，しきり板の高さは20cmとわかる
ので，イ＝(80×60×20−40×25×12)÷6000＝
14（分）
また，Aにしきり板の高さまで水が入るのにかかる時
間は，20×60×20÷6000＝4（分）
よって，ウ＝14＋4＝18（分）
(2)　しきり板より上の部分に水が入る時間は，(20＋

80)×60×(50−20)÷6000=30(分)

よって，18＋30＝48(分後)

❷

　図2のグラフより，水そうの底から箱の下までの長さが9cm，しきり板の高さが12cmとわかる。

ア×20×9＝18×150より，ア＝15(cm)

(アーイ)×20×(12−9)＝18×(180−150)より，15−イ＝9，イ＝15−9＝6(cm)

水そうが満水になったのは412秒後だから，

(15＋ウ)×20×16−6×20×(16−9)＝18×412

よって，15＋ウ＝(7416＋840)÷320＝25.8，ウ＝25.8−15＝10.8(cm)

Bの部分に12cmの深さまで水が入るのにかかる時間は，10.8×20×12÷18＝144(秒)

よって，エ＝180＋144＝324(秒)

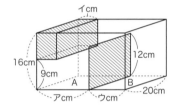

❸

(1)　水そうの底面積は，2400×33÷36＝2200(cm²)

　A，B，Cの底面積をそれぞれa，b，cとすると，各部分に水が入る時間より，b：c＝5：4，a：(b＋c)＝5：(27.5−5)＝2：9　よって，a：b：c＝2：5：4

　この比の1にあたる面積は，2200÷(2＋5＋4)＝200(cm²)なので，a＝200×2＝400(cm²)，b＝200×5＝1000(cm²)，c＝200×4＝800(cm²)

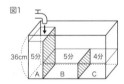 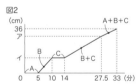

(2)　アはAとBの間のしきりの高さなので，ア＝2400×5÷400＝30(cm)

　イはBとCの間のしきりの高さなので，イ＝2400×(5＋4)÷(1000＋800)＝12(cm)

(3)　2400×3÷400＝18(cm)

(4)　Cの部分に水が入り始めてから，800×9÷2400＝3(分後)

　よって，10＋3＝13(分後)

第3章 その他のグラフ

1 帯グラフ・円グラフ

p.108〜p.115

類題1

答え

Ⓐ (1) 3倍　　(2) 20%
(3) 27人　　(4) 144°

Ⓑ (1) $\dfrac{5}{9}$　　(2) 72人　　(3) 40°

Ⓐ

(1) 帯の長さで比べる。6÷2＝3（倍）

(2) 3÷15＝0.2　0.2×100＝20（%）

(3) 帯の1cmにあたる人数は，36÷4＝9（人）
3cmにあたる人数は，9×3＝27（人）

(4) $360° \times \dfrac{6}{15} = 144°$

Ⓑ

(1) 全体の人数が18目盛りで表されている。このうち
10目盛り分が小学生なので，その人数は全体の，
$\dfrac{10}{18} = \dfrac{5}{9}$

(2) 中学生の人数は6目盛りなので，1目盛り分の人数
は，24÷6＝4（人）　よって，4×18＝72（人）

(3) その他の部分は2目盛りなので全体の$\dfrac{2}{18} = \dfrac{1}{9}$

よって，$360° \times \dfrac{1}{9} = 40°$

類題2

答え

Ⓐ (1) 144人　　(2) 50°　　(3) 135°
(4) 4人

Ⓑ
年齢	20歳未満	20歳〜59歳	60歳〜69歳	70歳〜79歳	80歳以上
人口	90人	126人	144人	108人	72人

Ⓐ

(1) サッカーと答えた人は5年生全体の，$\dfrac{120}{360} = \dfrac{1}{3}$

これが48人なので，5年生の人数は，$48 \div \dfrac{1}{3} = 144$
（人）

(2) 20人は5年生全体の$\dfrac{20}{144} = \dfrac{5}{36}$にあたる。

よって，ア＝$360° \times \dfrac{5}{36} = 50°$

(3) 図1の円グラフで，その他の部分の中心角は，360°
－（120°＋90°＋50°＋40°）＝60°　よって，その他の
部分の人数は，$144 \times \dfrac{60}{360} = 144 \times \dfrac{1}{6} = 24$（人）

イ＝$360° \times \dfrac{9}{24} = 135°$

(4) 図2で陸上競技の中心角は，360°－（135°＋90°＋
45°＋30°）＝60°　よって，$24 \times \dfrac{60}{360} = 4$（人）

Ⓑ

図2で，80歳以上の部分の中心角は，360°－（160°＋
120°）＝80°　この人数が72人なので，160°÷80°＝2，
120°÷80°＝1.5より，60歳代は，72×2＝144（人）
70歳代は，72×1.5＝108（人）　よって，60歳以上の
人は，144＋108＋72＝324（人）　図1の円グラフか
ら，全体の人数は，$324 \div \dfrac{216}{360} = 324 \div \dfrac{3}{5} = 540$（人）

よって，20歳未満は，$540 \times \dfrac{60}{360} = 90$（人）

20歳〜59歳までは，540－（90＋324）＝126（人）

練習問題 基本編

答え

❶ (1) 5148部　　(2) 21450部
(3) 3861部
❷ (1) 90°　　(2) 54人　　(3) 18°
❸ (1) 45%　　(2) 72°　　(3) 6cm
❹ (1) 420トン　　(2) 12%
(3) 2400トン

❶

(1) B社の販売数はその他の2倍。よって，2574×2＝
5148（部）

(2) 2574÷0.12＝21450（部）

(3) C社の販売数は全体の，100－（46＋24＋12）＝18

（％）　よって，21450×0.18＝3861（部）

❷

(1) $360° \times \dfrac{25}{100} = 360° \times \dfrac{1}{4} = 90°$

(2) 全体の人数は，$135 \div \dfrac{1}{4} = 135 \times 4 = 540$（人）

なしと答えた人は全体の，100－（35＋25＋15＋15）＝10（％）　よって，540×0.1＝54（人）

【別解】　$135 \times \dfrac{10}{25} = 54$（人）

(3) $360° \times \dfrac{27}{540} = 360° \times \dfrac{1}{20} = 18°$

❸

(1) 162÷360＝0.45　0.45×100＝45（％）

(2) ハンバーグと答えた人は，360－（162＋108＋18）＝72（人）　よって，$360° \times \dfrac{72}{360} = 72°$

(3) $20 \times \dfrac{108}{360} = 20 \times \dfrac{3}{10} = 6$（cm）

❹

(1) 再生紙は，1600×0.75＝1200（トン）　再生紙からつくられたトイレットペーパーは，1200×0.35＝420（トン）

(2) 再生紙からつくられた紙パックは，1200×0.16＝192（トン）
192÷1600＝0.12　0.12×100＝12（％）

(3) 再生紙からつくられたティッシュペーパーは，1200×0.3＝360（トン）
よって，昨年この町で使用されたティッシュペーパーは，360÷0.15＝2400（トン）

練習問題 発展編

答え
❶ (1) B　(2) 1時間42分
❷ (1) 5時間30分　(2) 144°
❸ (1) 20%　(2) 3：2　(3) 24%
　 (4) 100人　(5) 1.6cm

❶

(1) それぞれの割合を書き込むと次のようになる。

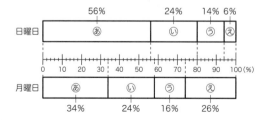

日曜日のあとうの合計が70％で全体の7割。よって，「勉強」「娯楽」はあとうのいずれかで，いとえではない。また，月曜日に「睡眠」の時間が増えたことから，「睡眠」はあといではない。この結果を表にまとめると次の図1のようになる。ここから，「食事・風呂」はいであることがわかる。「食事・風呂」の時間は増えていないので，6分増えたのは「勉強」。よって，うが「勉強」である。このことから「娯楽」があ，「睡眠」がえとなる。

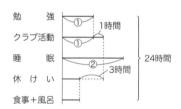

(2) 「勉強」のうは2％増えたので，6分が全体の2％にあたる。よって，1％は3分。
(1)より「娯楽」はあなので月曜日は全体の34％であり，3×34＝102（分）⇒1時間42分

❷

(1) 勉強時間を①として線分図に表すと次のようになる。

勉強 …①　1時間
クラブ活動 …①
睡眠 …②　3時間　　24時間
休けい
食事＋風呂

24－1＋（3－1）×2＝27（時間）が，①＋①＋②＋①＋①＝⑥にあたる。よって，①＝27÷6＝4.5（時間）⇒4時間30分　クラブ活動の時間は，4時間30分＋1時間＝5時間30分

(2) 勉強時間の合計は(1)より4時間30分⇒270分
1時間48分＝108分だから，円グラフの中心角は，
$360° \times \dfrac{108}{270} = 360° \times \dfrac{2}{5} = 144°$

❸

(1) 72÷360×100＝20（％）

(2) 男子で「教師」と答えた人数を③，女子で「美容師」と答えた人数を④とすると，男子の人数は，③÷0.1＝㉚　女子の人数は，④÷0.2＝⑳
よって，男子と女子の人数の比は，30：20＝3：2

(3) 男子の人数を3，女子の人数を2とすると，6年生の人数は，3＋2＝5　このとき，男子で「プロスポーツ選手」と答えた人数は，3×0.4＝1.2
よって，1.2÷5×100＝24（％）

(4) 男子の人数を3，女子の人数を2とすると，女子で「薬剤師」と答えた人数は，$2 \times \dfrac{90}{360} = 2 \times 0.25 = 0.5$

男子で「医師」と答えた人数は，$3 \times 0.15 = 0.45$

$0.5 - 0.45 = 0.05$が1人にあたる。$5 \div 0.05 = 100$より，6年生の人数は100人。

(5) 「パティシエ」と答えた人数は，女子の人数を2とすると，$2 \times \dfrac{72}{360} = 2 \times 0.2 = 0.4$

これは6年生全体の，$0.4 \div (2+3) = 0.08$にあたる。よって，$20 \times 0.08 = 1.6$(cm)

2 棒グラフ

p.116〜p.121

類題1

答え

Ⓐ (1) 8.4点　(2) 70%
Ⓑ (1) 91個　(2) 57.8%

Ⓐ

(1) グループ全体の人数は，$2+4+3+6+5 = 20$(人)
平均点は，$(6 \times 2 + 7 \times 4 + 8 \times 3 + 9 \times 6 + 10 \times 5) \div 20 = 168 \div 20 = 8.4$(点)

(2) $(3+6+5) \div 20 \times 100 = 70$(%)

Ⓑ

(1) $(91+89+83+94+98) \div 5 = 455 \div 5 = 91$(個)

(2) $(91+89+83) \div 455 = 263 \div 455 = 0.5780\cdots$
$0.5780\cdots \times 100 = 57.80\cdots \Rightarrow 57.8$%

(注意) 百分率で表した数の小数第二位を四捨五入する。

類題2

答え

(1) 1480点　(2) 11人　(3) 560点
(4) 6人　(5) 14人

(1) $59.2 \times 25 = 1480$(点)

(2) クラスの25人から10点，50点，90点，100点の人を除いて，$25 - (1+7+4+2) = 11$(人)

(3) $1480 - (10 \times 1 + 50 \times 7 + 90 \times 4 + 100 \times 2) = 1480 - 920 = 560$(点)

(4) つるかめ算。(2)の11人全員が40点だったとすると，$11 \times 40 = 440$(点)　実際には(3)より560点だっ

たので，$560 - 440 = 120$(点)の差がある。

よって，11人のうち，$120 \div (60-40) = 6$(人)を60点にすればよい。

(5) 40点の人数は，$11 - 6 = 5$(人)　よって，点数と人数，正解した問題は次の表のようになる。50点の7人のうち，問1と問2の両方を正解した人は，問1を正解した14人から10点，60点，100点の人を除いて，$14 - (1+6+2) = 5$(人)　よって，問3を正解した人は，$(7-5) + 6 + 4 + 2 = 14$(人)

点　数	人　数	正解した問題
10点	1人	問1
40点	5人	問2
50点	7人	問3または問1と問2
60点	6人	問1と問3
90点	4人	問2と問3
100点	2人	問1と問2と問3

練習問題 (基)(本)編

答え

❶ (1) 3人　(2) 5点　(3) 0.25点
❷ (1) 32人　(2) 6点　(3) 34%
❸

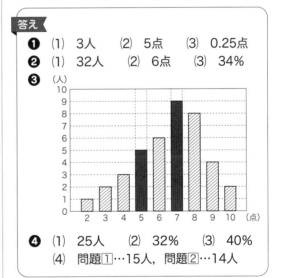

❹ (1) 25人　(2) 32%　(3) 40%
　 (4) 問題①…15人，問題②…14人

❶

(1) $25 - (1+3+5+8+4+1) = 25 - 22 = 3$(人)

(2) $(2 \times 1 + 3 \times 3 + 4 \times 5 + 5 \times 8 + 6 \times 3 + 7 \times 4 + 8 \times 1) \div 25 = 125 \div 25 = 5$(点)

(3) 新たなクラスの平均点は，$(125 + 7 \times 2 + 8) \div 28 = 5.25$(点)　よって，$5.25 - 5 = 0.25$(点)

❷

(1) $2+4+5+8+7+6 = 32$(人)

(2) $(2 \times 4 + 4 \times 5 + 6 \times 8 + 8 \times 7 + 10 \times 6) \div 32 = 192 \div 32 = 6$(点)

(3) 6点未満の人は，$2+4+5 = 11$(人)

$11 \div 32 = 0.343\cdots$

$0.343\cdots \times 100 = 34.3\cdots \Rightarrow 34\%$

❸

5点と7点の人数の合計は，40－(1＋2＋3＋6＋8＋4＋2)＝40－26＝14(人)　この14人の得点の和は，6.6×40－(2×1＋3×2＋4×3＋6×6＋8×8＋9×4＋10×2)＝264－176＝88(点)　ここで，14人全員が5点だったとすると，5×14＝70(点)　このとき，88点とは，88－70＝18(点)の差がある。1人を5点から7点に変えると，7－5＝2(点)増えるので，18点増やすためには，18÷2＝9(人)を7点に変えればよい。よって，7点の人数は9人。5点の人数は，14－9＝5(人)

❹

(1)　1＋3＋4＋7＋5＋3＋2＝25(人)

(2)　(1＋3＋4)÷25×100＝32(%)

(3)　クラスの平均点は，(20×3＋30×4＋50×7＋70×5＋80×3＋100×2)÷25＝1320÷25＝52.8(点)　よって，70点以上の人数の割合を求めればよい。(5＋3＋2)÷25×100＝40(%)

(4)　点数と人数，正解した問題は次の表のようになる。50点の7人のうち，問題③だけを正解した人は，12人から70点，80点，100点の人を除いて，12－(2＋3＋5)＝2(人)　よって，50点の7人のうち問題①と問題②を正解した人は，7－2＝5(人)　これより，問題①を正解した人は，3＋5＋5＋2＝15(人)　問題②を正解した人は，4＋5＋3＋2＝14(人)

点　数	人　数	正解した問題
20点	3人	①
30点	4人	②
50点	7人	③または①と②
70点	5人	①と③
80点	3人	②と③
100点	2人	①と②と③

3 ヒストグラム（柱状グラフ）p.122～p.125

類　題

答え

(1)　25人　　(2)　イ

(3)　13番目から18番目　　(4)　ア，イ

(1)　5＋7＋6＋4＋3＝25(人)

(2)　ア　通学時間が10分以上の人は，6＋4＋3＝13(人)⇒×

イ　(5＋7)÷25×100＝48(%)⇒○

ウ，エ　このグラフからはちょうど何番目とは言えない。⇒×

オ　通学時間の短い方から10番目の人は，通学時間が5分以上10分未満⇒×

(3)　通学時間が12分だった人は10分以上15分未満のグループ(階級)にふくまれるので，短い方から，5＋7＋1＝13(番目)以上，5＋7＋6＝18(番目)以下と考えられる。

(4)　通学時間の平均として考えられる時間は，(5×7＋10×6＋15×4＋20×3)÷25＝215÷25＝8.6(分)以上，(5×5＋10×7＋15×6＋20×4＋25×3)÷25＝340÷25＝13.6(分)未満　13.6分になることはないので，アとイだけが考えられる。平均がイの場合，通学時間の合計は整数にならないが，通学時間は整数とは限らないので構わない。

練習問題 基本編

答え

❶ (1)　25人　　(2)　28%

❷ (1)　32人　　(2)　25%

　 (3)　10番目から16番目まで

　 (4)　え

❸ (1)　11人　　(2)　40%

　 (3)　6番目から11番目まで

❹ (1)　35%

　 (2)　9番目から18番目まで

　 (3)　25%

❶

(1)　3＋4＋8＋6＋3＋1＝25(人)

(2)　(3＋4)÷25×100＝28(%)

❷

(1)　2＋5＋9＋7＋5＋3＋1＝32(人)

(2)　(5＋3)÷32×100＝25(%)

(3)　ゆうきさんの得点は60点以上70点未満なので，良かった方からかぞえて，1＋3＋5＋1＝10(番目)から，1＋3＋5＋7＝16(番目)まで。

(4)　全員の平均点として考えられる点数の範囲は，(30×2＋40×5＋50×9＋60×7＋70×5＋80×3＋90×1)÷32＝1810÷32＝56.5…(点)以上，(39×2＋49×5＋59×9＋69×7＋79×5＋89×3＋99×1)÷32＝2098÷32＝65.5…(点)以下

よって，考えられないものは㋐

参考 考えられる最大の合計点2098点は，考えられる最小の合計点1810点に1人9点ずつ32人分加えて，1810＋9×32＝2098と求めることができる。

❸
(1) 6＋3＋2＝11(人)
(2) 全体の人数は，4＋8＋7＋11＝30(人)
通学時間が10分未満の人は，4＋8＝12(人)なので，
12÷30×100＝40(％)
(3) 通学時間が17分の人は15分以上20分未満の範囲
(階級)にふくまれる。よって，通学時間の長い方から
かぞえて，2＋3＋1＝6(番目)から，2＋3＋6＝11
(番目)までと考えられる。

❹
(1) 男子の人数は，2＋4＋7＋5＋2＝20(人)
よって，(5＋2)÷20×100＝35(％)
(2) 18m投げた人は15m以上20m未満の範囲(階級)に
ふくまれる。20m以上投げた人は男女合わせて，5＋
2＋1＝8(人)　15m以上投げた人は男女合わせて，8
＋7＋3＝18(人)　よって，記録が長い方からかぞえ
て，8＋1＝9(番目)から18番目までと考えられる。
(3) 女子の人数は，3＋4＋5＋3＋1＝16(人)
記録が10m未満だった人は男女合わせて，2＋3＋4
＝9(人)　よって，9÷(20＋16)×100＝25(％)

4 その他のグラフ
p.126〜p.133

類題1

答え
(1) 900円　　(2) ウ　　(3) 8時間30分

(1) グラフから読み取る。
(2) グラフより，駐車料金が1000円になるのは駐車時
間が3時間を超えて3時間30分まで。よって，あては
まるのはウ。
(3) 駐車料金が2000円になるのは，(2000−500)÷
100＝15，1＋0.5×15＝8.5(時間)より，8時間を超
えて8時間30分まで。よって，8時間30分を超えると
最大料金2000円の方が通常の料金より安くなる。
(注意) グラフからは駐車料金が2000円になる駐車時
間が読み取れないので，グラフ内の具体的な料金
を使って求め方を考えるとよい。たとえば，駐車料金が
700円になるのは，(700−500)÷100＝2(回)料金

が上がったときで，1＋0.5×2＝2(時間)より，駐車
時間が1時間30分を超えて2時間までとわかる。これ
と同様に求めればよい。

類題2

答え
(1) $\frac{2}{15}$cm　　(2) $\frac{1}{5}$cm

(3) ア…25，イ…$37\frac{1}{2}$，ウ…55

(4) 30分　　(5) $12\frac{1}{2}$分後

(1) $12÷90＝\frac{12}{90}＝\frac{2}{15}$(cm)

(2) $12÷60＝\frac{12}{60}＝\frac{1}{5}$(cm)

(3) $ア＝(12−7)÷\frac{1}{5}＝25$(分)，$イ＝(12−7)÷\frac{2}{15}＝$

$37\frac{1}{2}$(分)，$ウ＝90−7÷\frac{1}{5}＝55$(分)

(4) ウ−ア＝55−25＝30(分)
別解 90−60＝30(分)

(5) イ−ア＝$37\frac{1}{2}$−25＝$12\frac{1}{2}$(分後)

練習問題 基本編

答え
❶ (1) 2950円　　(2) 18
❷ (1) 1000円　　(2) 4時間40分
❸ (1) A…0.9cm，B…0.5cm
　(2) 7分30秒後
❹ (1) 6100円　　(2) 300円

❶
(1) 130×15＋1000＝2950(円)
(2) (3340−1000)÷130＝18(m³)
❷
(1) 3−1＝2(時間)，2時間＝120分だから，料金が上
がった回数は，120÷20＝6(回)
よって，400＋100×6＝1000(円)
(2) 通常の駐車料金が1500円になるのは，(1500−
400)÷100＝11(回)料金が上がったとき。20×11
＝220(分)は3時間40分なので，1時間＋3時間40分

＝4時間40分までの駐車料金が1500円以下。よって，4時間40分より長く駐車すると通常料金より1500円の方が安くなる。

❸

⑴　A…18÷20＝0.9(cm)，B…15÷30＝0.5(cm)
⑵　2つのろうそくの長さの差は，はじめ，18－15＝3（cm）　これがなくなるのは火をつけてから，3÷(0.9－0.5)＝7.5(分後)⇒7分30秒後

(別解) A，Bの短くなる速さの比は，0.9：0.5＝9：5　同じ長さだけ短くなるのにかかる時間の比は，この逆比となり5：9　よって，残りの長さが等しくなってからAがなくなるまでにかかった時間は，(30－20)÷(9－5)×5＝12.5(分)　したがって，A，Bの長さが等しくなったのは，20－12.5＝7.5(分後)

❹

⑴　6000＋20×(10－5)＝6100(円)
⑵　7.5m³のとき…6000＋20×(7.5－5)＝6050(円)
12.5m³のとき…6100＋100×(12.5－10)＝6350(円)　よって，差は，6350－6050＝300(円)

練習問題 発展編

答え

❶ ⑴　A管…20g，B管…40g
⑵　4800
⑶　A管…8%，B管…4%
⑷　4.8%　　⑸　4分45秒後

❷ ⑴　0.25L($\frac{1}{4}$L)　　⑵　18
⑶　5時間36分後，10時間24分後
⑷　①　ストーブBの方が3円安い
　　②　18円

❶

⑴　A管とB管の両方から毎秒入る食塩水は，(2400－600)÷30＝60(g)　A管から毎秒入る食塩水は，(3000－2400)÷(60－30)＝20(g)　よって，B管から毎秒入る食塩水は，60－20＝40(g)

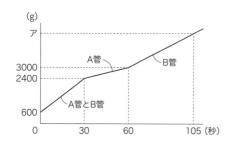

⑵　60秒後から105秒後まではB管だけで入れているので，この間に水そうに入る食塩水の重さは，40×(105－60)＝1800(g)
よって，ア＝3000＋1800＝4800(g)

⑶　食塩水を入れ始めてから105秒後までにA管から入った食塩水は，20×60＝1200(g)　B管から入った食塩水は，1800＋40×30＝3000(g)　A管から入る食塩水の濃度を②%，B管から入る食塩水の濃度を①%とすると，105秒後の水そう内の食塩の重さは，1200×$\frac{②}{100}$＋3000×$\frac{①}{100}$＝㉔＋㉚＝㊴
このときの実際の食塩の重さは，4800×0.045＝216(g)だから，①＝216÷54＝4(%)
よって，B管から入る食塩水の濃度は4%，A管から入る食塩水の濃度は，4×2＝8(%)

⑷　食塩水を入れ始めて60秒後までにA管から入る食塩水は，20×60＝1200(g)，B管から入る食塩水は，40×30＝1200(g)
よって，60秒後の水そう内の食塩の重さは，1200×0.08＋1200×0.04＝96＋48＝144(g)
濃度は，144÷3000×100＝4.8(%)

⑸　食塩水を入れ始めて105秒後のあと，B管から入る食塩水の量を□gとし，長方形のたてを濃度，横を食塩水の重さ，面積を食塩の重さとして面積図に表すと次のようになる。

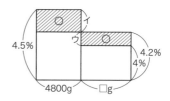

このとき，イ：ウ＝(4.5－4.2)：(4.2－4)＝3：2
面積図の斜線部分の面積(食塩の重さ)が等しくなることより，4800：□はイ：ウの逆比になるので，4800：□＝2：3　よって，□＝4800÷2×3＝7200(g)
よって，水そう内の食塩水の濃度が4.2%になるのは，食塩水を入れ始めて105秒後からさらに，7200÷40＝180(秒後)
食塩水を入れ始めてから，105＋180＝285(秒後)
⇒4分45秒後

❷

⑴　4÷16＝0.25(L)
⑵　点火してから8時間後のストーブAのタンク内の灯油の量は，4－0.25×8＝2(L)　ストーブBの1時間あたりに使用する灯油の量は，(3.6－2)÷8＝0.2(L)　よって，ア＝3.6÷0.2＝18(時間)
⑶　AとBの1時間に使用する灯油の量の差は，0.25－

0.2＝0.05（L）　0.12÷0.05＝2.4より，A，Bのタン
ク内の灯油の量の差が0.12Lになるのは，タンク内の
灯油の量が同じになったときの2.4時間前と2.4時間
後。よって，8－2.4＝5.6（時間後）⇒5時間36分後
と，8＋2.4＝10.4（時間後）⇒10時間24分後
⑷　①　A…108×0.25＝27（円），B…120×0.2＝24
　　　　（円）　ストーブBの方が，27－24＝3（円）安い。
　　②　ストーブCの1時間あたりに使用する灯油の量
　　　　は，3.6÷24＝0.15（L）　よって，1時間あたり
　　　　にかかる灯油の値段は，120×0.15＝18（円）